41款风格百变的围巾编织

cowlgirls

颈上添花

41款风格百变的围巾编织

cathy carron

cowlgirls

the neck's big thing to knit

（美）凯西·凯伦 著
于 月 译

河南科学技术出版社
·郑州·

Published in 2010 by Sixth&Spring Books
Original Title:Cowlgirls
This book has been published by arrangement with Sterling Publishing Co., Inc., 387 Park Ave. S., New York, NY 10016.

著作权合同登记号：图字16-2011-134

图书在版编目（CIP）数据

颈上添花：41款风格百变的围巾编织 /（美）凯伦著；于月译. —郑州：河南科学技术出版社，2012.11（2014.5重印）
ISBN 978-7-5349-5994-3

Ⅰ. ①颈… Ⅱ. ①凯… ②于… Ⅲ. ①围巾－绒线－编织－图集 Ⅳ. ①TS941.763.8-64

中国版本图书馆CIP数据核字(2012)第210531号

出版发行：河南科学技术出版社
地址：郑州市经五路 66 号　邮编：450002
电话：(0371) 65737028　65788613
网址：www.hnstp.cn
策划编辑：刘　欣
责任编辑：梁莹莹
责任校对：柯　姣
封面设计：张　伟
责任印制：张艳芳
印　　刷：北京盛通印刷股份有限公司
经　　销：全国新华书店
幅面尺寸：210mm × 270mm　印张：8.5　字数：130 千字
版　　次：2012 年 11 月第 1 版　2014 年 5 月第 2 次印刷
定　　价：39.80 元

如发现印、装质量问题，影响阅读，请与出版社联系。

目 录 contents

引言

在20世纪70年代，美国捷运公司有一句广为人知的口号“没有它们（捷运的交通工具）就不要出门”，以此吸引乘客。几十年后的今天，我要说同样的话，没有“它们”——围巾，我就不出门。如果说有一样东西是我出门时最常带在身边的（尤其在旅行时），那一定是围在我脖子上的某件物品。只有脖子得到温暖的呵护，我才感觉舒服和开心。即使在夏季，无论白天多么炎热，只要太阳下山后鸡皮疙瘩一现身，我立刻就要把脖子包裹起来。虽然披肩也可以派上用场，但是有那么多有趣而且实用的方式去打扮脖子，为什么一定要局限于长长的三角形围巾呢？

围巾没有披肩的过长令人生厌之虞，也不会发生1927年舞蹈家伊莎多拉・邓肯在里维埃拉疾驶时，因为披肩卷入汽车轮子上而致死的悲剧。虽然这种意外很少发生，但是这样的场景你一定经常遇到：围巾总是在脖子上安安稳稳，很少发生戴在脖子上还丢失的情况；而披肩则常常被挂在门上、椅子上甚至永远不见了。围巾可以垂到下面流露其优雅别致，也可以围在脖子上彰显其独特效果。

本书介绍了41款围巾的款式设计，除了经典的套头围巾和围脖围巾外，还有针织项链、头巾式围巾、领巾式围巾等。多数款式都是环形编织而成，没有接缝。每款的外形、花样和颜色有独特的创意。有的围巾很简单，很快就能织完，并可以作为很棒的礼物；而有的款式针法比较复杂，具有一定挑战性。大多数设计都是以保暖为目的，也有很多可以换成丝线、棉线或者亚麻线编织，可以在温暖的季节佩戴。

希望大家能以此书作为参考，产生更多灵感——从某个点出发形成自己的设计。如果能编织出本书中的一款或者全部围巾，你将会没有围巾就不出门！

蜂巢式套头围巾
（见 14 页）

阿伦围脖围巾
（见 82 页）

蕾丝大围巾
（见 94 页）

网眼式围巾
（见 88 页）

基础
套头围巾和围脖围巾的编织

在正式开始编织围巾之前，你可能有些问题要问：套头围巾到底是什么样？套头围巾又和围脖围巾有什么区别？它们有多少种款式？是怎么织成的？哪种毛线更适合织套头围巾？读完下面内容你就能找到这些问题的答案了。

围巾就是用来给脖子保暖的

除了经典的围巾，本书还介绍了很多不同外形和设计的针织颈部饰品。大家都知道，围巾或披肩是用宽度不同的大块材料制成的，能包裹住整个脖子，既引人注意又能保暖。但是当你提到围脖围巾、套头围巾之类的时候，就让人有点困惑。下面是几种围巾款式的区别。

套头围巾（Cowl）

套头围巾“cowl”一词来源于拉丁语，指的是和尚的头巾。现在大多数人都认为套头围巾是松松地绕在脖子上，像毛衣的套头领子那样。事实上，套头围巾可以固定在毛衣上，也可以像书中展示的那样单独佩戴。没什么比套头围巾更经典、更优雅的了。

围脖围巾（Gaiter）

在外形上与套头围巾不同，围脖围巾看起来是高高的圆筒状、紧紧套在脖子上。滑雪者最常戴围脖围巾，它们通常用羊毛线织成；不过时尚的人们积极探索它们的价值，常用更奢华的毛线编织。

领巾式围巾（Dickey）

领巾式围巾（dickey）还是着装中很有用处的一种单品。领巾式围巾是一种围领，把前面塞到衬衫或者外套里面，没有缝隙，以御寒和避免风吹。书中的几种领巾式围巾的设计（例如 94 页的蕾丝大围巾），既可以露在外面，也可以衬在衣服里面。

帽式围巾（Snood）

没错，帽式围巾曾经指一种可以把头发包起来的小袋子，在头的后面别住或者系紧——也就是发网。但是现在时尚饰品店里卖的都是最新式样的帽式围巾，能像围巾一样包住脖子，还能拉上去像头巾一样盖住头——如果你想隐藏“真面目”这个再好不过了。

巴拉克拉法帽（Balaclava）

冬季的最好饰品，巴拉克拉法帽能把除了脸或者眼睛以外的整个头部包裹起来。

超长围巾（Infinity Scarf）

也叫无穷圆环披肩，这是一种很长的围巾，看起来圆圈还要无限延伸下去。超长围巾可以长长地垂下来佩戴，也可以绕颈两圈或三圈。如果浏览时尚流行杂志，你很可能看到某些名流正戴着这样的超长围巾。

甜甜圈围巾（Donut）

甜甜圈围巾顾名思义，就是形状像甜甜圈一样的围巾。跟围脖围巾上部很相似，通常甜甜圈围巾稍大一点，织成双层的圆筒状，更加保暖。

项链（Necklace）

针织项链可能不保暖，但是时尚不一定需要实用！在本书里，我介绍几种针织（或钩编）项链，包括用水晶珠子装饰的褶边项链和几条用大的针织珠子组成的项链。

除了上面介绍的围巾种类，书中还有外形上经过融合的设计，例如可以变成背心和套头围巾甚至变成迷你南美披风式的款式。不必担心围巾的基本外形和搭配，只要把它们加以变化就能得到新的设计，这也是时尚的含义。

条纹巴拉克拉法帽
（见 66 页）

超长围巾
（见 118 页）

皮草甜甜圈围巾
（见 52 页）

球形项链
（见 90 页）

选择一种形状，
开始编织

围巾可以织成短的

也可以织成长的

围脖围巾总是短的，因此能紧紧围住脖子

尺寸的选择（套头围巾和围脖围巾）

套头围巾要能在脖子上围绕几次后再垂下，想达到这个效果，围巾的长度至少要 61cm 以上，除了长度你还要注意宽度，宽度至少需 20cm。

围脖围巾可以立起来裹住脖子，传统的围脖围巾（例如滑雪者戴的），周长通常是 56cm，高度是 10~12cm。但是只要头部能通过，围脖围巾还可以更紧些，高度也因人而异。

怎样编织围巾

套头围巾和围脖围巾可以用以下三种方法：织成织片再缝合；环形编织；织成筒状再缝合。

方法 1：缝合

这是最基本的方法：织出一个织片，按照正反面编织的方法编织，就像你织一件长围巾那样。然后把两端缝合。这种方法长围巾、短围巾都适用，也很容易做。但如果你是新手，可能要为接缝而烦恼，那不妨试一试下面两种方法。

方法 2：环形编织

用这个方法，你需要先确定整个织物的长度。用一根长的环形棒针，按需要的线圈数量起针，才能得到成品的正确周长。连成一圈，然后向上编织到需要的宽度。这实际上是编织围巾的最简单的方法，因为当你编织完成后不需要任何接缝。没有比这更简单的了。

方法 3：全部都是圆筒

第三种，也许是最直观的，开始编织前首先要确定围巾的整体宽度。用环形棒针或者双头棒针起要形成圆筒所需要的针数，圆筒的高度就是围巾的整体宽度。环形编织圆筒直到需要的长度（围巾的周长）。最后需要把圆筒的两端缝合——虽然有接缝这点不合乎我们的理想，但是最大的优势在于这是一条双层的织物，能给你带来额外的温暖（见 106 页“有口袋的围巾”，这个圆筒还有额外功能——储物）。

材料

织套头围巾和围脖围巾可以选用任何材料，但是任何作品的成功都离不开精心挑选毛线和造型。套头围巾从功能和特点来说，需要悬垂，因此必须考虑到垂度，可以用柔软的羊毛、棉线、真丝、竹纤维、马海毛和亚麻等。围脖围巾则相反，需要有一定的硬度才能竖立，毫无疑问要用羊毛而不是马海毛。如果围脖围巾比较高，还可以选用真丝、亚麻或者竹纤维。织的时候还要考虑到功能性。如果在冰天雪地的天气里佩戴就要用羊毛等材质；而温暖的气候环境下，就不需要保温，可以使用亚麻等受欢迎的植物纤维。

准备佩戴

套头围巾、围脖围巾以及书中所述的其他同类颈部饰物，都是可以随时随地以任何方式佩戴的，它们都是百搭款式，最重要的是，它们都能满足你期待的效果。这些围巾可以围在外面吸引注意力，也能衬在外套里面用来保暖。想想你要把围巾与什么衣服搭配，把外套或者夹克衫拿出来，看看与已有的围巾怎样搭配合适。也不要忽略时尚：这条围巾要让你从人群中脱颖而出。也不一定只围一条围巾，可以同时围两条相同的或者不同的围巾。把你的衣橱中套头围巾和围脖围巾分类并搭配起来，也不失为一种乐趣。

三重针图案套头围巾 (page 28)

围脖围巾和项链组合 (page 116)

方法 1

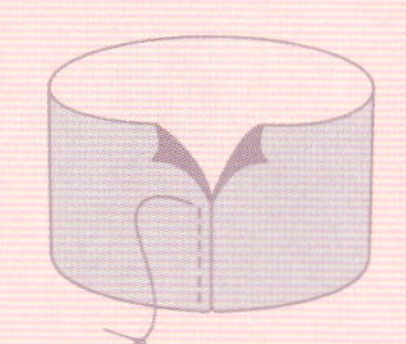

首先织一片长方形的织片。

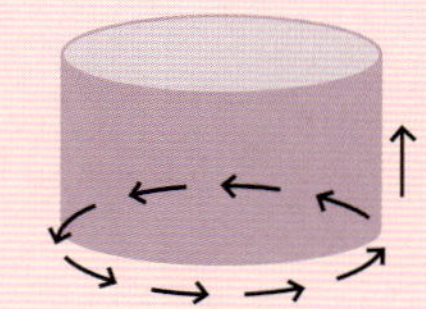

把末端缝合在一起。看，围巾立刻出现！

方法 2

起针形成一个圆圈，然后一直编织直到你要的高度。不需要缝合的完美作品！

方法 3

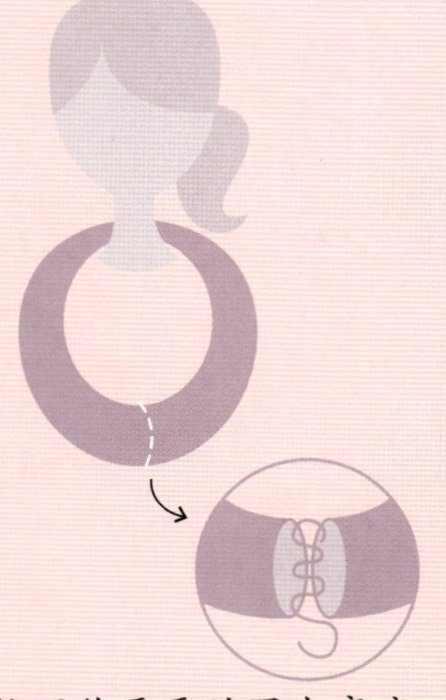

按照你需要的围巾高度织一条圆筒，然后再织到你需要的长度。把圆筒两端缝合就完成了。

Honeycomb
蜂巢式

蜂巢针织成的套头围巾

围上这条华美的蓝色套头围巾，你将完全陷入温暖惬意的气氛中。不得不说，这是一件装饰极品。

所需材料

毛线

- 羊驼毛线，每束 100g，约 99m 长
- #701 A 线和 #717 B 线各 2 束

针

- 一根 10.5 号（6.5mm）、60cm 长的环形棒针，或者能织出相同密度的棒针

其他物品

- 记号圈
- 绣针

蜂巢式

这条围巾由两种颜色的羊驼毛线以蜂巢针编织而成，风格华丽，搭配羊驼毛外套或者斜纹厚棉布外套，尽显休闲风格。

成品尺寸

周长 77.5cm

高度 46cm

编织密度

用 10.5 号棒针按照织图编织 10cm，需 30 圈，每圈 10 针。

检验密度。

按织图花样编织

（起针数为 2 的倍数）

第 1 圈 用 B 线，*下一行中织 1 针下针，1 针下；重复到一圈结束。

第 2 圈 用 B 线，全部织上针。

第 3 圈 用 A 线，*1 针下，下一行中织 1 针下；重复到一圈结束。

第 4 圈 用 A 线，全部织上针。

重复 1 ~ 4 圈，形成织图花样。

围巾的织法

用 A 线起 76 针，放置记号圈并连成一圈，注意不要扭转线圈方向。

织 1 圈下针，1 圈上针。

按照织图重复织 1 ~ 4 圈，直到从基础行测量高度为 46cm，以织图第 3 圈为结束。用 A 线以上针方向收针。

完成

藏起所有线头。

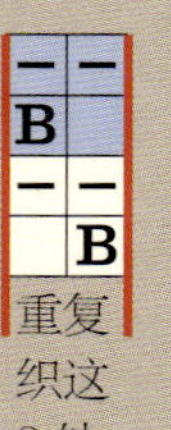

针法说明

□ 下针

⊟ 上针

B 在下一行中织下针

颜色说明

A 线

B 线

put a ring on it

圆环式

项链般的围巾

这条温暖舒适的围脖围巾好像圆环重重叠叠，围绕在脖子上，给予你更多温暖。

所需材料

毛线

- 羊驼毛线，每束 250g，约 112m 长
- 4 束棕色线（主色线）
- 1 束蓝绿色线（撞色线）

针

- 2 根 11 号（8mm）环形棒针，一根 40cm 长，另一根 60cm 长，或者能织出相同密度的棒针

其他物品

- 记号圈

圆环式

用简单的针法编织出几个圆筒，再组合成一个大的圆筒，这样的编织方法与建筑学原理有异曲同工之妙。这里只用了一种撞色线，你可以用不同色彩尝试，层层堆叠形成若隐若现的效果。

成品尺寸

肩部周长 68cm

颈部周长 45cm

高度 28cm

编织密度

用 11 号针按照卷边针编织 10cm，需 21 圈，每圈 9 针。

检验密度。

卷边花样编织

（起针数不限）

第 1 ~ 3 圈 全上针。

第 4 ~ 6 圈 全下针。

重复 1 ~ 6 圈，形成卷边针花样编织。

围巾的织法

用 40cm 棒针和主色线起 40 针，放置记号圈并连成一圈，注意不要扭转线圈方向。

织 35 圈卷边针，以花样编的第 5 圈为结束。换 60cm 棒针。

加针圈 *1 针下，线圈前后织下针加针；从 * 开始重复到一圈结束，共 60 针。

再织 11 圈卷边针，以花样编的第 5 圈为结束。

换撞色线，织 4 圈卷边针，以花样编的第 3 圈为结束。

换主色线，卷边花样编 6 圈，以花样编的第 3 圈为结束。

下一圈全上针。从基础行测量围巾的高度为 28cm。

以下针方向收针。

完成

藏起所有线头。

wrapture 披肩式

有滚边图案的套头围巾

围上这条色彩斑斓、柔软温暖的特大号围巾，感觉自己被包着走一样。

所需材料

毛线

- 羊驼毛线，每卷 100g，约 50m 长（羊驼毛 / 羊毛）
- 7 卷淡蓝紫色线

针

- 1 根 13 号（9mm）、74cm 长的环形棒针，或者能织出相同密度的棒针

其他物品

- 记号圈

卷边花样套头围巾

是这种线条粗犷、色彩斑驳的毛线赋予了我灵感，才有了这条套头围巾。渐变的颜色、柔软却有型的质地，还有粗犷的线条，无论看上去还是感觉上都非常华美。这样的毛线需要造型才能准确表现其特色，因此使用了大号的卷边花样来包住肩膀，上面领部则使用罗纹图案。

成品尺寸

肩部周长 101.5cm

高度（领部未折叠时） 57cm

编织密度

用 13 号针按照卷边花样编织 10cm，需 18 圈，每圈 8 针。

检验密度。

卷边花样编织

（起针数不限）

第 1 ~ 4 圈 全上针。

第 5 ~ 7 圈 全下针。

重复 1 ~ 7 圈，形成卷边花样编织。

双罗纹针

（起针数为 4 的倍数）

第 1 圈 *2 针下，2 针上；从 * 开始重复至一圈结束。

重复第 1 圈继续织 2 针下、2 针上，形成罗纹针。

围巾的织法

起 80 针，放置记号圈并连成一圈，注意不要扭转线圈方向。

把卷边花样的第 1 ~ 7 圈重复 5 次。

再多织 2 圈全下针。

织双罗纹针至 37cm。

从围巾的基础行开始测量长度为 57cm。

以罗纹针收针。

完成

藏起所有线头。

need for tweed

花呢式 三色段围巾

深浅不同的灰色安哥拉羊毛线本身就散发出奢华的气息，将其与淡粉红色粗羊绒线搭配，共同创造出有小麻花图案的经典套头围巾。

所需材料

毛线

- 豪华花呢线，每束 50g，约 88m 长（羊毛 / 安哥拉羊毛）
- 1 束蓝灰色粗线（A 线），每束 50g，大约 65m 长（羊毛 / 微纤维 / 羊绒）
- 1 束浅玫瑰红色豪华粗呢线（B 线），每束 100g，大约 100m 长（羊毛 / 安哥拉羊毛）
- 1 束银灰色线（C 线）

针

- 7 号（4.5mm）、9 号（5.5mm）、10.5 号（6.5mm）的 60cm 长的环形棒针各 1 根，或者能织出相同密度的棒针

其他物品

- 记号圈
- 绣针

三种密度的套头围巾

这条套头围巾里包含了各种尝试，其实编织的针数和花样没有变化，只是改变了毛线和针的粗细，你看——就变成了这样自然形成层次感的外观。套头围巾在颈部位置尺寸较小，越到下面越宽松。

成品尺寸

肩部周长 78cm

颈部周长 52cm

高度 32cm

编织密度

用 7 号针和 A 线按照织图编织 10cm，需 26 圈，每圈 18 针。

用 9 号针和 B 线按照织图编织 10cm，需 22 圈，每圈 15 针。

用 10.5 号针和 C 线按照织图编织 10cm，需 18 圈，每圈 12 针。

检验密度。

织图花样

（起针数为 4 的倍数）

2 针左扭针 越过左针上第 1 个线圈，右针从左针第 2 个线圈后面织下针，然后再下针织左针上第 1 个线圈，在把这两针从左针上滑下来。

第 1 ~ 5 圈 *2 针下，2 针上；从 * 重复到一圈结束。

第 6 圈 *2 针左扭针，2 针上；从 * 重复到一圈结束。

第 7 ~ 11 圈 *2 针上，2 针下；从 * 重复到一圈结束。

第 12 圈 *2 针上， 2 针左扭针；从 * 重复到一圈结束。

重复第 1 圈到第 12 圈，形成织图花样。

围巾的织法

用 A 线和 7 号针起 92 针，放置记号圈，连成一圈，注意不要扭转线圈方向。

重复织图花样 3 次。

剪断 A 线，换 B 线和 9 号针编织。

下一圈 全下针。

按织图花样织 7 ~ 12 圈一次，然后织 1 ~ 9 圈，根据花样收针。从基础行开始测量高度，大约为 32cm。

完成

藏起所有线头。

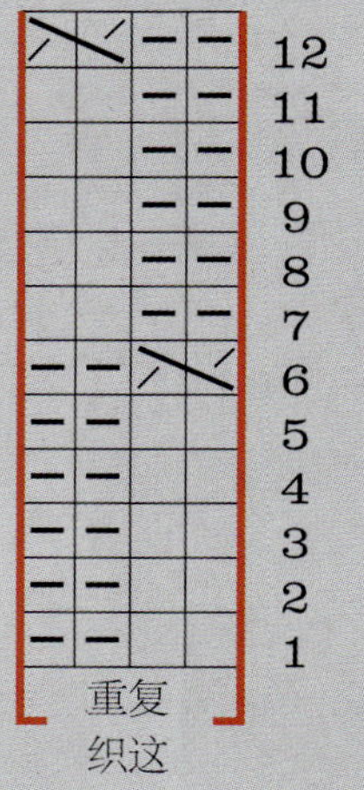

针法说明

- □ 下针
- ⊟ 上针
- ⧄ 2 针左扭针

fit to be tied

领结式 适合系起来的马海毛套头围巾

这条华美的马海毛套头围巾再系上美丽的蝴蝶结，就像精致的礼物般漂亮。

所需材料

毛线

- 羊毛线，每束 50g，约 70m 长
- 6 束紫红色线（A 线），每束 25g，大约 245m 长（马海毛 / 腈纶）
- 2 束深紫红色线（B 线）

针

- 1 根 10.5 号（6.5mm）、40cm 长的环形棒针，或者能织出相同密度的棒针
- 1 套（4 根）10.5 号（6.5mm）双头棒针

其他物品

- 记号圈

可以系起来的马海毛套头围巾

蝴蝶结虽然很迷人，但有时候又显得有点甜腻。这里有个平衡其甜美度的方法。在这件单品中加入马海毛线以丰富层次感，令其不仅具有装饰作用，而且还适合白天和晚上一直佩戴。

成品尺寸

周长 63.5cm

高度 22cm

编织密度

将一股 A 线和一股 B 线合在一起，用 10.5 号针织珠子罗纹花样 10cm，需 21 圈，每圈 22 针。

检验密度。

注意

将 A 线和 B 线各取一股，要完全合在一起编织。

珠子罗纹花样

（起针数为 5 的倍数）

第 1 圈 *1 针下，1 针上，1 针下，2 针上；从 * 重复到一圈结束。

第 2 圈 *3 针下，2 针上；从 * 重复到一圈结束。

重复 1 ~ 2 圈，形成珠子罗纹花样。

围巾的织法

A、B 线各取一股合在一起，用环形棒针起 95 针。放置记号圈，连成一圈，注意线圈方向不要扭转。

织珠子罗纹花样至 63.5cm。

收针。

系带

B 线各取一股合在一起，用双头棒针起 12 针，平均分到三根棒针上。每圈都织下针，直到 117cm 长。

收针。

完成

把围巾的一端和另一端对接起来，注意对准不要错位。

分别把系带的两端开口处用线缝起来，藏起所有线头。

mohair is better

华丽的马海毛围巾

三重针图案围巾

罗纹针和花样编织结合在一起，更凸显马海毛的魅力，织两次享受更多乐趣。

所需材料

毛线

- 马海毛线，每卷 42g，约 82m 长（羊毛 / 腈纶）
- 中国红色和桃红色毛线各 4 卷

针

- 1 根 10 号（6mm）、74cm 长的环形棒针，或者能织出相同密度的棒针

其他物品

- 记号圈

三重针花样围巾

马海毛是最华丽的毛线，马海毛含量越高越好！这类围巾一定可以给你温暖和舒适的感觉，为什么不用撞色毛线织两条配在一起呢?

成品尺寸

周长 84cm

高度 43cm

编织密度

用 10 号针织三重针花样 10cm，需 20 圈，每圈 16 针。

检验密度。

注意

要想环形编织三重针更容易，要一直让反面朝外编织，织完后，再翻回正面。

三重针花样

（起针数为 4 的倍数）

第 1 圈和第 3 圈 全下针编织。

第 2 圈 *左上 3 并针，在下一针里织 [1 针下，1 针上，1 针下]；从 * 重复到一圈结束。

第 4 圈 * 在下一针里织 [1 针下，1 针上，1 针下]，左上 3 并针；从 * 重复到一圈结束。

重复 1 ~ 4 圈，形成三重针花样。

单罗纹针

（起针数为偶数）

第 1 圈 *1 针下，1 针上；从 * 重复到一圈结束。

重复织第 1 圈就形成 1 针下、1 针上的罗纹针。

围巾的织法

起 132 针。放置记号圈并连成一圈，注意不要扭转线圈方向。

织 1 针下、1 针上的单罗纹针至 6.5cm。

织三重针花样至 30cm。

织 1 针下、1 针上的单罗纹针至 6.5cm。

从基础行测量长 43cm。

以罗纹针收针。把正面翻出来。

完成

藏起所有线头。

wrapsody in blue

宝石蓝 围巾三件套

这套用皮革和羊绒混纺线编织而成的织物，对于你的耳朵、脖子和手来说绝对是一种福音。

所需材料

毛线

- 羊毛线，每束50g，大约65m长（羊毛／微纤维／羊绒）
- 8束海军蓝色线（主色线），每束30g，大约13.5m长（人造拉毛绒线）
- 2束宝石蓝线（A线）（注意：拉毛绒线要跟所搭配的棉线合在一起编织，在花样B中也是如此）

针

- （织帽子用）8号、10号（5mm、6mm）的40cm长的环形棒针各1根，或者能织出相同密度的棒针
- （织围脖围巾用）1根10号（6mm）、40cm长的环形棒针，或者能织出相同编织密度的棒针
- （织手腕部分用）8号（5mm）和10号（6mm）的双头棒针各1套（4根），或者能织出相同密度的棒针

其他物品

- 记号圈和2个别针
- 绣针

围巾三件套

舒适的围脖围巾搭配整套的帽子和无指手套，把温暖和奢华的感觉演绎到了极致。宝石蓝色染色拉毛绒线与海军蓝羊绒混纺线织出的条纹图案，既产生了丰富的层叠效果，又增添了生动的趣味性。

成品尺寸

帽子

周长 54cm

高度 28.5cm

围巾

周长 61cm

高度 31cm

护腕

手腕处周长 24cm

手部周长（拉伸前测量） 16.5cm

长度 33cm

编织密度

用10号针织花样A 10cm，需21圈，每圈15针。

检验密度。

针法说明

加1针 在左手针下1行的线圈中织1针下，然后在下针织左手针上的线圈。

单罗纹针

（起针数为偶数）

第1圈 *1针下，1针上；从*重复到一圈结束。

重复织第1圈就形成单罗纹针。

花样A

（起针为偶数针）

第1圈 *A线织1针下，B线织1针下；从*重复到一圈结束。

第2圈 用主色线，*线圈后面织1针下，1针下；从*重复到一圈结束。

第3～7圈 用主色线织下针。

重复1～7圈完成花样A。

花样B

（起针数为偶数）

第1圈 *A线织1针下，B线织1针下；从*重复到一圈结束。

第2圈 用主色线，*线圈后面织1针下，1针下；从*重复到一圈结束。

第3～5圈 用主色线织下针。

重复1～5圈完成花样B。

帽子的织法

用小号针和主色线起80针，放置记号圈然后连成一圈，注意不要扭转线圈方向。

织18cm单罗纹针，换大号针。

织一圈下针。

织花样A的1～7圈，重复4次，再多织1次第1圈和第2圈。

形成帽顶

织5圈单罗纹针。

减针圈 *滑1针，1针下，滑针越过下针，左上2并针；从*重复到一圈结束——共40针。

织2圈单罗纹针。

再重复一次最后3圈——共20针。

再织一次减针圈——共10针。

剪断毛线，留15cm长的线尾，将这段毛线穿入绣针后，把针上的10个线圈集中起来，剪断线收针。

完成

把所有线头藏起来。将下部边缘向里面对折，然后粗缝。

围巾的织法

用主色线起90针，放置记号圈并连成一圈，注意不要扭转线圈方向。

织单罗纹针至5cm。

织花样A的1～7圈重复6次，然后再多织1次第1圈和第2圈。

织单罗纹针至5cm。

按花样收针。

完成

藏起所有线头。

护腕

用小号针和主色线织，起36针，平均分到3根针上，放置记号圈并连成一圈。

织单罗纹针至14cm，换大号针。

织2圈下针。

织花样B的1～5圈，重复3次。

大拇指三角区织法

第1圈 1针下，加1针，[1针下，1针上]重复16次，加1针，1针下——共38针。

第2圈 3针下，在前一圈的基础上继续织罗纹针，直到最后余3针，3针下。

第3圈 2针下，加1针，织罗纹针到最后余3针，加1针，2针下——余40针。

第4圈 4针下，织罗纹针直到最后余4针，4针下。

第5圈 3针下，加1针，织罗纹针直到最后余4针，加1针，3针下——余42针。

第6圈 5针下，织罗纹针直到最后余5针，5针下。

第7圈 4针下，加1针，织罗纹针直到最后余5针，加1针，4针下——余44针。

第8圈 6针下，织罗纹针直到最后余6针，6针下。

第9圈 6针下，把这6针移到别针上，织罗纹针直到最后余6针，把这6针移到另外一个别针上。另起4针——共36针。放置记号圈，连成一圈，织1针下、1针上的罗纹针，织5cm长。按花样收针。

大拇指

把别针上的12针移到2根双头棒针上，再取一根棒针，沿拇指内侧起针行挑起4针并织下针——共16针。织5圈单罗纹针。按花样收针。

完成

藏起所有线头。

（上接第38页）

[2针下，2针上]重复3次，1针下，3针上，左下3并针，3针上；从*开始重复。

第19、20圈 重复第11圈。

重复织第1～20圈形成织图花样。

围巾的织法

用8号针起152针，放记号圈，然后连成一圈编织，注意不要扭转线圈方向。织4.5cm扭罗纹针。换9号针编织。

开始按照织图花样编织（见130页）

第1圈 按照织图花样把38针重复织4次。继续在原来的基础上编织，直到将织图织3次，换8号针。

织扭罗纹针至4.5cm。

以罗纹针收针。

完成

藏起所有线头。

polo match

围巾组合

羊绒圆领围巾

这件极简风格的羊绒围巾，配上自己手工穿的珠饰配件，真是天衣无缝的绝妙组合。

所需材料

毛线

- 羊毛线，每束 50g，大约 114m 长（羊毛 / 真丝）
- 3 束紫红色毛线（主色线）
- 1 束海蓝色毛线（撞色线）

针

- 1 根 6 号（4mm）、40cm 长的环形棒针，或者能织出相同密度的棒针
- 1 套（4 根）6 号（4mm）双头棒针

其他物品

- 记号圈和 2 个别针
- 绣针
- 90 颗玻璃珠，6mm×5mm 深蓝绿色
- 1 个 5cm 安全别针

羊绒围巾

对于时尚又现实的女性来说，这款围巾最为完美。羊绒质地衬托简单的起伏针花纹，构成这件基本款套头围巾。编织的过程是正面和反面交替编织，织完一部分以后再连起来织剩余部分。手工制作珠饰作为装饰，可用同色系搭配，也可以用撞色以形成强烈对比。

成品尺寸

周长 46cm

高度（未折叠时） 36cm

编织密度

用 6 号针（4mm）织 1 针上、1 针下的罗纹针，织 10cm，需 28 圈，每圈 28 针。

检验密度。

围巾的织法

起 126 针，不需要连成一圈，按下面步骤正反两面编织。

第 1 行（正面） *1 针下，1 针上；从 * 重复到最后。

第 2 行（反面） *1 针下，1 针上；从 * 重复到最后。

重复第 1 行和第 2 行，直到从起针处测量长 10cm，以反面行结束。不需要翻面。

把针上的线圈连成一圈，在右手针上放置记号圈，开始环形编织。

在之前的基础上继续织罗纹针，直到从起针处测量长 36cm。

以罗纹针收针。

花朵配饰的做法

注意 全部用 2 股撞色线完成。

用 2 股撞色线和双头棒针，留 61cm 线尾，起 12 针，平均分到 3 根棒针上面。连成一圈按照下面步骤制作。

第 1 圈和第 2 圈 全部下针。

第 3 圈和第 5 圈 *1 针下，但是线圈留在左针上，把线挂在两针之间织物的前面，逆时针方向在左手大拇指上绕 1 圈，之后把线挂到织物的反面，下针织左针上的线圈，这次把线圈从针上滑下来，并让右针上的第 2 个线圈越过第 1 个线圈后，从针上滑下来；从 * 重复到一圈结束。

第 4 圈 *1 针下，挑针加 1 针；从 * 重复到一圈结束——24 针。

收针，留 30.5cm 线尾。把这段线穿入绣针中，将最后 1 行折到织物的反面并缝在里面。

缝珠子

把起针时留出来的线尾穿入绣针，在线上穿 9 个珠子，然后在靠近出针的起针行边缘入针，把线收紧，这样就形成花瓣形串珠。沿着环状中心再重复 9 次这样的缝珠步骤。最后在珠饰的背面固定一个安全别针就完成了。藏起所有的线头。

完成

把围巾的所有线头藏起来。

candy wrapper
糖果围巾

麻花图案围巾

大胆、醒目是这款粉红色泡泡糖般围巾的主题，围上它看看效果吧！

所需材料

毛线

- 羊驼毛线，每团 50g，大约 80m 长（羊驼毛 / 亚麻 / 羊毛 / 腈纶）
- 5 团粉红色毛线

针

- 8 号（5mm）和 9 号（5.5mm）的 74cm 长的环形棒针各 1 根，或者能织出相同密度的棒针
- 麻花针

其他物品

- 记号圈

麻花图案的围巾

这条围巾非常宽大，既可以往下拉包裹住肩膀，颇有吉普赛风格，也可以拉上去变成即兴头巾，把头遮起来。

成品尺寸

周长 96.5cm

高度 39.5cm

编织密度

用 8 号针织 10cm 扭罗纹针，需 20 圈，每圈 17 针。

用 9 号针织 10cm 织图花样，需 20 圈，每圈 17 针。

重复一次 38 针约为 24cm 长。

检验密度。

针法说明

8 针右麻花 滑 4 针到麻花针上，挂在织物后面，1 针下，2 针上，1 针下；织麻花针上的线圈，1 针下，2 针上，1 针下。

8 针左麻花 滑 4 针到麻花针上，挂在织物前面，1 针下，2 针上，1 针下；织麻花针上的线圈，1 针下，2 针上，1 针下。

扭罗纹针

（起针数为偶数）

第 1 圈 * 从线圈后面织 1 针下，1 针上；从 * 重复到整圈结束。

重复织第 1 圈形成麻花针。

织图花样（见 130 页）

（重复织这 38 针）

第 1 圈 *[1 针下，2 针上，1 针下] 重复 2 次，3 针上，在 1 个线圈中织 [1 针下，1 针上，1 针下，1 针上，1 针下]，3 针上，1 针下，2 针上，[2 针下，2 针上] 重复 3 次，1 针下，3 针上，在 1 个线圈中织 [1 针下，1 针上，1 针下，1 针上，1 针下]，3 针上；从 * 开始重复。

第 2、5、6、9 圈 *[1 针下，2 针上，1 针下] 重复 2 次，3 针上，5 针下，3 针上，1 针下，2 针上，[2 针下，2 针上] 重复 3 次，1 针下，3 针上，5 针下，3 针上；从 * 开始重复。

第 3、4、8 圈 *3 针下，2 针上，3 针下，3 针上，5 针下，3 针上，1 针下，2 针上，[2 针下，2 针上] 重复 3 次，1 针下，3 针上，5 针下，3 针上；从 * 开始重复。

第 7 圈 *3 针下，2 针上，3 针下，3 针上，5 针下，3 针上，8 针右麻花，8 针左麻花，3 针上，5 针下，3 针上；从 * 开始重复。

第 10 圈 *[1 针下，2 针上，1 针下] 重复 2 次，3 针上，左下 5 并针，3 针上，1 针下，2 针上，[2 针下，2 针上] 重复 3 次，1 针下，3 针上，左下 5 并针，3 针上；从 * 开始重复。

第 11、12 圈 *3 针下，2 针上，3 针下，7 针上，1 针下，2 针上，[2 针下，2 针上] 重复 3 次，1 针下，7 针上；从 * 开始重复。

第 13、14 圈 *[1 针下，2 针上，1 针下] 重复 2 次，7 针上，1 针下，2 针上，[2 针下，2 针上] 重复 3 次，1 针下，7 针上；从 * 开始重复。

第 15 圈 *3 针下，2 针上，3 针下，3 针上，在 1 个线圈中织 [1 针下，1 针上，1 针下]，3 针上，1 针下，2 针上，[2 针下，2 针上] 重复 3 次，1 针下，3 针上，在 1 个线圈中织 [1 针下，1 针上，1 针下]，3 针上；从 * 开始重复。

第 16 圈 *3 针下，2 针上，[3 针下，3 针上] 重复 2 次，1 针下，2 针上，[2 针下，2 针上] 重复 3 次，1 针下，3 针上，3 针下，3 针上；从 * 开始重复。

第 17 圈 *[1 针下，2 针上，1 针下] 重复 2 次，3 针上，3 针下，3 针上，8 针右麻花，8 针左麻花，3 针上，3 针下，3 针上；从 * 开始重复。

第 18 圈 *[1 针下，2 针上，1 针下] 重复 2 次，3 针上，左下 3 并针，3 针上，1 针下，2 针上，

（下接第 32 页）

queen of hearts

女王之心

褶边围巾

灵感源自维多利亚时代有夸张褶边的围巾，这条围巾层层叠叠，给自己带来如皇室贵族般尊贵的感觉。

所需材料

毛线

- 羊毛线，每束 113g，大约 114m 长（羊毛 / 马海毛）
- （黑色和灰色围巾）3 束黑色线（主色线）
- （黑色和灰色围巾）1 束灰色线（撞色线）
- （橙红色围巾）3 束橙红色线

针

- 1 根 10.5 号（6.5mm）、60cm 长的环形棒针，或者能织出相同密度的棒针
- 2 根 10.5 号（6.5mm）、40cm 长的环形棒针

其他物品

- 记号圈
- 绣针

褶边围巾

用引人注目的橙红色或色彩柔和的黑灰色系毛线编织，这条活力四射的围巾为你的整体服饰增加魅力指数。

成品尺寸

颈部周长 66cm

高度 16.5cm

编织密度

用 10.5 号针织上下针，织 10cm，需 23 圈，每圈 12 针。

检验密度。

注意

更换颜色时，为了避免形成小洞，新线要从旧线的下面绕过来再织。

不用的旧线要松松地挂在织物的背面。

针法说明

上下针（起伏针）

第 1 圈 全下针。

第 2 圈 全上针。

重复织第 1 圈和第 2 圈就形成了上下针。

黑灰色围巾

第 1 层

用长环形棒针和主色线起 132 针，放置记号圈，连成一圈，注意不要扭动线圈方向。织上下针 28 圈。换短的环形棒针。

减针圈 * 左下 2 并针；从 * 重复到一圈结束——共 66 针。剪断毛线，线圈留在针上。

第 2 层

像第 1 层一样起针和编织，织上下针至 20 圈，而不是 28 圈。换短的环形棒针。

减针圈 * 左下 2 并针；从 * 重复到一圈结束——共 66 针。不用剪断毛线。

按照下面说明操作，与第 1 层连起来。

把第 2 层放到第 1 层的上面。

下一圈 * 同时穿过第 2 层的第 1 针和第 1 层的第 1 针织 1 针下；从 * 重复到第 1 层上所有线圈都织完。先放在一边，剪断毛线。

第 3 层

像第 1 层一样起针和编织，织上下针到第 16 圈，换短的环形棒针。

减针圈 * 左下 2 并针；从 * 重复到一圈结束——共 66 针。不用剪断毛线。

按照下面说明操作，跟第 2 层连起来。

把第 3 层放到第 2 层的上面。

下一圈 * 同时穿过第 3 层的第 1 针和第 2 层的第 1 针织 1 针下；从 * 重复到第 2 层上所有线圈都织完。不要剪断毛线。

第 4 层

用撞色线，像第 1 层一样起针和编织，织上下针到第 14 圈，换短的环形棒针。

减针圈 * 左下 2 并针；从 * 重复到一圈结束——共 66 针。剪断毛线。

按照下面说明操作，跟第 3 层连起来。

把第 4 层放到第 3 层的上面。

下一圈 * 同时穿过第 4 层的第 1 针和第 3 层的第 1 针织 1 针下；从 * 重复到第 3 层上所有线圈都织完。不要剪断毛线。

上针织 5 圈。松松地收针。

完成

藏起所有线头。

橙红色围巾

第 1 层

用长的环形棒针和主色线起 132 针，放置记号圈，连成一圈，注意不要扭动线圈方向。织上下针 28 圈。换短的环形棒针。

减针圈 * 左下 2 并针；从 * 重复到一圈结束——共 66 针。剪断毛线，线圈留在针上。

第 2 层

像第 1 层一样起针和编织，织上下针至 22 圈，而不是 28 圈。换短的环形棒针。

减针圈 * 左下 2 并针；从 * 重复到一圈结束——共 66 针。不用剪断毛线。

按照下面说明操作，跟第 1 层连起来。

把第 2 层放到第 1 层的上面。

下一圈 * 同时穿过第 2 层的第 1 针和第 1 层的第 1 针织 1 针下；从 * 重复到第 1 层上所有线圈都织完。先放在一边，剪断毛线。

第 3 层

像第 1 层一样起针和编织，织上下针到第 14 圈，换短的环形棒针。

减针圈 * 左下 2 并针；从 * 重复到一圈结束——共 66 针。不用剪断毛线。

按照下面说明操作，跟第 2 层连起来。

把第 3 层放到第 2 层的上面。

下一圈 * 同时穿过第 3 层的第 1 针和第 2 层的第 1 针织 1 针下；从 * 重复到第 2 层上所有线圈都织完。不要剪断毛线。

上针织 5 圈，松松地收针。

完成

把围巾的所有线头藏起来。

in the limelight

吸睛色 种子针织成的围巾

戴着这条炫目的柠檬色围巾，即使在严寒的深冬，你也会如阳光般耀眼。

所需材料

毛线

- 美利奴羊毛线每团 100g，大约 59m 长
- 11 团柠檬绿色毛线

针

- 1 根 11 号（8mm）、74cm 长的环形棒针，或者能织出相同密度的棒针

其他物品

- 记号圈

种子针套头围巾

从底部开始往上环形编织，织出一个斗状的套头围巾包裹住肩膀，套头围巾的颈部则用能保暖的种子针编织。要想把这两种截然不同的特色编织自然衔接起来，需要绝对吸引眼球的柠檬绿色毛线。

成品尺寸

肩部周长 134.5cm

颈部周长 87.5cm

高度 35.5cm

编织密度

用 11 号针织种子针 10cm，需 18 圈，每圈 8 针。

检验密度。

种子针织法

（起针数为奇数）

第 1 圈 *1 针上，1 针下；从 * 开始重复，最后 1 针上。

第 2 圈 *1 针下，1 针上；从 * 开始重复，最后 1 针下。

重复织第 1 圈和第 2 圈就形成了种子针。

围巾的织法

起 66 针，放置记号圈，再起 66 针——共 132 针。放置记号圈并连成一圈，注意不要扭转线圈方向。

下一圈 *[2 针下，2 针上] 重复 16 次，2 针下，滑下记号圈；从 * 开始再重复一次。

下一圈（减针） [滑针，滑针，下针，在前一行的基础上继续织罗纹针，直到记号圈前余 2 针，左下 2 并针，滑下记号圈] 重复 2 次——共 128 针。

下一圈 [1 针下，在前一行的基础上继续织罗纹针，直到记号圈前余 1 针，1 针下，滑下记号圈] 重复 2 次。

再重复 9 次最后 2 圈——共 92 针。

下一圈 *1 针下，1 针上，[滑针，滑针，下针] 重复 10 次，滑针，滑针，下针，1 针上，1 针下，滑下记号圈；从 * 开始再重复 1 次——共 70 针。

下一圈（减针） 左下 2 并针，*1 针上，1 针下；从 * 开始重复整圈——共 69 针。

织种子针至 19cm。从基础行开始测量整个织物的长度约为 35.5cm。

收针。

完成

藏起所有线头，要确定把种子针那部分翻下来也不会露出来。

layer cake 多层式 褶边围领

用超级柔软的羊驼毛线织出来的褶边，能够创造出令人无法抵挡诱惑的艺术品。这条围巾就是浪漫美丽到极致的作品。

所需材料

毛线

- 羊驼毛线，每束50g，大约99m长
- 4束灰紫色线（主色线）
- 1束葡萄紫色线（撞色线）

针

- 7号（4.5mm）的60cm和74cm长的环形棒针各1条，或者能织出相同密度的棒针
- 1套（4根）6号（4mm）双头棒针

其他物品

- 记号圈
- 绣针
- 2.5cm宽，1.8m长的丝带1条

褶边围领

这条华美的围领由三条单独编织的环形围巾组合而成。用一条丝带将三条围巾上的扣眼一起穿起来，再抽紧丝带，就可以拉出褶边。精细测量需要较多的时间，但是这样做是值得的，因为这么精致的围巾才足以代代相传，成为传家宝。

成品尺寸

周长（中心） 51cm

高度 18cm

编织密度

用7号针织全下针平针10cm，需26圈，每圈20针。

检验密度。

围领织法

底层褶边

用长的环形棒针和撞色线起400针。将撞色线剪断，加入主色线，翻面织。

下一圈（正面） *2针下，将右手针上的第2针越过第1针从针上滑下来；从*开始重复到最后——共200针。不要翻面。在右针上放置记号圈，连成一圈编织。

1圈上针。

18圈下针。

换短的环形棒针编织。

减针圈 *左下2并针；从*开始重复到一圈结束——共100针。

2圈下针。

网眼圈 *3针下，空针加针，左下2并针；从*开始重复到一圈结束。

2圈下针。

换长的环形棒针编织。

加针圈 *下一个线圈里下针前后织加针；从*开始重复到一圈结束——共200针。

18圈下针。

1圈上针。

加针圈 *下一个线圈里下针前后织加针；从*开始重复到一圈结束——共400针。剪断主色线，加入撞色线，收针。

中间层褶边

像底层褶边那样编织，只是在织18圈下针的时候换成织13圈下针。

上层褶边

像底层褶边那样编织，只是在织18圈下针的时候换成织3圈下针。

完成

藏起所有线头。轻轻地熨烫三层织物使卷曲处舒展平整，不要过度熨烫避免起皱。待彻底干透。把这三层围巾一层压一层地放好，第1层放在最下面，第2层放中间，第3层放在最上面。网眼圈的所有网眼都对齐。丝带沿着围领的中心从网眼处一进一出地贯穿起来。

faux fabulous

奢华的皮草 皮草甜甜圈围巾

戴上这条散发出喜悦氛围的围巾，迷人又感觉温暖，这就是幸福的感觉。

所需材料

毛线

- 美利奴羊毛线，每束 40g，大约 80m 长（冷水洗涤的美利奴羊毛线 / 腈纶线 / 羊绒线）
- 8 束乌黑色人造毛线，每束 50g，50m 长（腈纶 / 含金属纤维的腈纶线）（A 线）
- 3 束黑色线（B 线）

针

- 1 根 10.5 号（6.5mm）、40cm 长的环形棒针，或者能织出相同密度的棒针

其他物品

- 记号圈

毛边圆领

羊绒线和毛绒线混织，加上变化的针法，形成了这条纹理独特、毛绒绒的圆环形围巾。黑色再搭配闪亮的同色系绒线，令其成为夜晚最耀眼的装饰。

成品尺寸

周长 76cm

高度 25.5cm

编织密度

两股 A 线合在一起，用 10.5 号针织种子针 10cm，需 18 圈，每圈 12 针。

检验密度。

注意

1. 用 2 股线合在一起织，注意看说明，在每个条形中使用的是哪些线。

2. 要避免将线头织进去，将不用的线挂在织物的背面。

种子针织法

（起针数为奇数）

第 1 圈 *1 针下，1 针上；从 * 开始重复，最后 1 针上。

第 2 圈 *1 针上，1 针下；从 * 开始重复，最后 1 针下。

重复织第 1 圈和第 2 圈就形成了种子针。

双桂花针织法

（起针数为 4 的倍数）

第 1 圈和第 2 圈 *2 针下，2 针上；从 * 重复到一圈结束。

第 3 圈和第 4 圈 *2 针上，2 针下；从 * 重复到一圈结束。

重复织第 1 圈到第 4 圈就形成了双桂花针。

围巾的织法

用2股A线起60针。放置记号圈并连成一圈，注意线圈方向不要扭转。

第 1 条

用 2 股 A 线织 12 圈双桂花针。

第 2 条

用其中 1 股 A 线再加上 B 线，合起来织 11 圈全下针。

第 3 条

用 2 股 A 线织 12 圈种子针。

第 4 条

用其中 1 股 A 线再加上 B 线，合起来织 11 圈全下针。将这 1 ~ 4 条再重复 2 次，总共是 12 条。剪断 B 线。

用 2 股 A 线织 1 圈下，收针。

完成

将围巾的一端与另一端连接起来，小心对齐不要扭转。藏起所有多余的线头。

haute cowl-ture

别样的 格纹甜甜圈围巾

时尚、温暖、实用的完美结合，双面使用，绝对别致！

所需材料

毛线

- 罗旺毛线，每束 100g，大约 115m 长（羊毛 / 马海毛）
- 3 束驼色线

针

- 1 根 9 号（5.5mm）、40cm 长环形棒针，或者能织出相同密度的棒针
- 麻花针

其他物品

- 3 个记号圈（放在一圈结尾处，用不同的颜色加以区分）

格子图案的甜甜圈围巾

驼色羊毛线编织而成的格子图案，就像线本身那样经典耐看。如果觉得这样单调，也可以增加一些有趣味的变化，例如用两种颜色制造出均匀的织边。这条围巾是双面设计，因此足以抵御冷风来袭。

成品尺寸

周长 68.5cm

高度 16.5cm

编织密度

用 9 号针织全下针平针 10cm，需 23 圈，每圈 16 针。

检验密度。

麻花针织图

（起针数为 42 的倍数）

4 针右麻花 滑 2 针到麻花针上，挂在织物的后面，2 针下，从麻花针上织 2 针下。

4 针左麻花 滑 2 针到麻花针上，挂在织物的前面，2 针下，从麻花针上织 2 针下。

4 针右麻花 滑 2 针到麻花针上，挂在织物的前面，2 针下，从麻花针上织 2 针上。

4 针左麻花 滑 2 针到麻花针上，挂在织物的前面，2 针上，从麻花针上织 2 针下。

第 1 圈和第 3 圈 [4 针下，2 针上] 重复 7 次。

第 2 圈 [4 针右麻花，2 针上] 重复 7 次。

第 4 圈 2 针上，[2 针下，4 针右麻花] 重复 6 次，4 针下。

第 5 圈和第 7 圈 [2 针上，4 针下] 重复 7 次。

第 6 圈 [2 针上，4 针左麻花] 重复 7 次。

第 8 圈 4 针下，[4 针左麻花，2 针下] 重复 6 次，2 针上。

重复织第 1 圈到第 8 圈，就完成了麻花针织图。

围巾的织法

起 70 针。放置记号圈并连成一圈，注意线圈方向不要扭转。

开始按织图花样编织

第 1 圈 14 针下，放置记号圈，按照麻花针织图织 42 针，放置记号圈，14 针下。

继续按照花样织，直到织物长 68.5cm。

按花样收针。

完成

将围巾的一端与另一端连接起来，小心对齐不要扭转。藏起所有多余的线头。

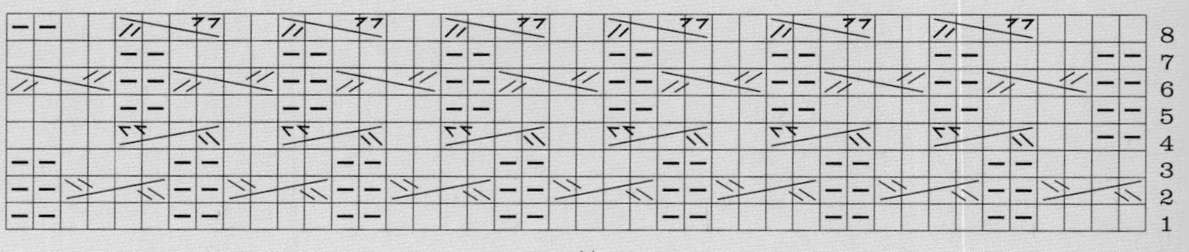

针法说明

- □ 下针
- ⊟ 上针
- 4 针右麻花
- 4 针左麻花
- 4 针右麻花
- 4 针左麻花

zig and zag

波浪围巾

V形套头围巾

清新的灰白色调，与天然棉线织成的套头围巾相结合，让你一直站在时尚最前沿，套头围巾可不只是用来御寒！

所需材料

毛线

- 天然棉线，每束 100g，大约 99m 长
- 浅灰色线（A 线）和白色线（B 线）各 3 束

针

- 1 根 10 号（6mm）、80cm 长环形棒针或者能织出相同密度的棒针

其他物品

- 记号圈
- 绣针
- H 号钩针

V 形套头围巾

不管去哪里，我都会戴着薄薄的披肩或者套头围巾。即使在最热的季节，夜晚也会微凉。用清爽的棉线或者亚麻线重新演绎你最喜爱的御寒风格吧。

成品尺寸

周长 92cm

高度 50cm

编织密度

用 10 号针按照织图织 10cm，需 17 圈，每圈 15 针。

检验密度。

针法说明

加 1 针 下针织左手针上下一行的线圈，然后再织左手针上的线圈。

织图花样

（起针数为 17 的倍数）

第 1 圈 全部织下针。

第 2 圈 *加 1 针，6 针下，滑 1 针，左下 2 并针，滑针越过并针，6 针下，加 1 针；从 * 开始重复到一圈结束。

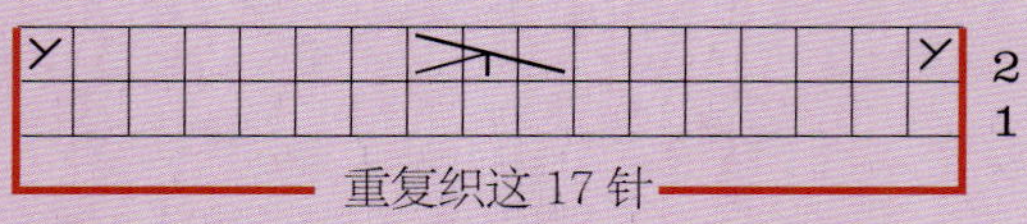

针法说明

□ 下针

加 1 针

滑 1 针，左下 2 并针，滑针越过并针

围巾的织法

用 A 线起 136 针，放置记号圈并连成一圈，注意线圈方向不要扭转。

* 用 A 线按照织图织第 1 圈和第 2 圈，重复 6 次，换 B 线按照织图织第 1 圈和第 2 圈，重复 6 次；从 * 开始再重复 2 次。用 A 线按照织图织第 1 圈和第 2 圈，重复 6 次。

收针。

完成

藏起所有线头。

流苏（见 135 页）

取 4 段 B 线合在一起，对折。把钩针从下向上插入围巾尖角处，把 B 线形成的线圈拉过去并调整成环状，再把线尾钩入环状线圈中，拉紧。修剪末端，留 1.5cm 长的线尾。重复这个过程，把所有尖角处都系上流苏。

wrapper's delight

快乐围巾 能放音乐播放器的围脖围巾

围着这条简单易做、有口袋的围脖围巾，即使不用手拿着音乐播放器也可以边走边听音乐。

所需材料

毛线

- 羊毛线每卷 100g，大约 41m 长（羊驼毛 / 羊毛）
- 2 卷杜鹃红色线

针

- 1 根 13 号（9mm）、40cm 长的环形棒针，或者能织出相同密度的棒针
- 1 套（4 根）13 号（9mm）双头棒针

其他物品

- 记号圈
- 1 颗直径 38mm 的纽扣
- 绣针

MP3 播放器围脖围巾

除了保暖，围脖围巾还有很多其他用途。这条厚实的围脖围巾扮演了双重角色，不仅保暖，还可以携带音乐播放器。醒目的纽扣保证了播放器的安全和声音传递。因为织起来又快又容易，织完了自己的，你还想给朋友织一个。

成品尺寸

周长 51cm

高度 16.5cm

编织密度

用 13 号针织双罗纹针 10cm，需 12 圈，每圈 12 针。

检验密度。

双罗纹针织法

（起针数为 4 的倍数）

第 1 圈 *2 针下，2 针上；从 * 开始重复到一圈的结束。

重复第 1 圈 2 针下，2 针上的织法，就形成了双罗纹针。

围巾的织法

用环形棒针起 60 针，放置记号圈并连成一圈，注意线圈方向不要扭转。

织双罗纹针 16.5cm.

下一圈 按罗纹针收针，余 8 针。

口袋织法

把收针后余下的 8 针移到左手针上，然后下针起 10 针——共 18 针。前 6 针移到 1 根双头棒针上，接下来的 6 针移到第 2 根双头棒针上，最后 6 针移到第 3 根双头棒针上。连成一圈按照下面步骤环形编织。

第 1 圈 全下针。

第 2 圈（扣眼圈） 12 针下，收 2 针，下针织到结束。

第 3 圈 12 针下，起 2 针，下针织到结尾。

接下来每圈都织下针，直到从基础行测量口袋长度为 15cm。

重新分配针上的线圈：从第 2 根棒针上移 3 针到第 1 根棒针上面，然后从第 2 根棒针上移 3 针到第 3 根棒针上面——两根棒针上各有 9 针。

用 3 根棒针收针法将口袋缝合（见 135 页）。

完成

藏起所有线头。把扣子缝到口袋的里面，对准外面的扣眼。要把口袋牢固地缝到围巾上，需要用绣针在角的位置多缝几针。

strictly business

白领风采 披肩式领套

这条严肃的领套可能看起来略微保守，但是如果配上窄窄的领带和报童帽，就绝对时髦，毫不保守了。

所需材料

毛线

- 羊毛线 100g，每束大约 120m 长
- 1 束棕色线（主色线）
- 1 束炭灰色线（撞色线）

针

- 1 根 13 号（9mm）、80cm 长环形棒针，或者能织出相同密度的棒针

其他物品

- 2 颗直径 25mm 的纽扣
- 绣针

披肩式围巾

披肩是一种经典的围巾款式，可以翻下来，也可以立起来保暖。

成品尺寸

宽度 23cm

长度（到脖颈后边的中心位置） 42cm

编织密度

用 13 号针织双罗纹针 10cm，需 15 行，每行 10 针。

检验密度。

双罗纹针织法

（起针数为 4 的倍数加 2 针）

第 1 圈（正面） *2 针下，2 针上；从 * 开始重复到一圈的结束余 2 针，2 针下。

第 2 圈 *2 针上，2 针下；从 * 开始重复到一圈的结束余 2 针，2 针上。

重复织第 1 圈和第 2 圈就形成了双罗纹针。

领套的织法

用撞色线起 82 针。织双罗纹针到 5cm，以反面行为结束。剪断毛线，换主色线。

下一行（正面） 全下针。织 3 行双罗纹针。

*** 下一行（扣眼行，正面）** 2 针下，2 针上，滑针，2 针下，滑针越过下针，1 针下，滑针越过下针（减了 2 针），织到这行结束。

下一行 按花样织到最后余 5 针，1 针下，线圈内起 2 针，2 针下，2 针上。*

再织 11.5cm 双罗纹针，以反面行结束。

从 * 到 * 再重复一次。

再织 3 行罗纹针。

以罗纹针收针。

完成

藏起所有线头。按照如下步骤把边缘缝合（见缝合接缝）：把有扣眼的一边反面与缝钮扣的一边的正面边缘对齐，注意不要让撞色部分重叠。只把主色部分的边缘缝起来。缝上纽扣。

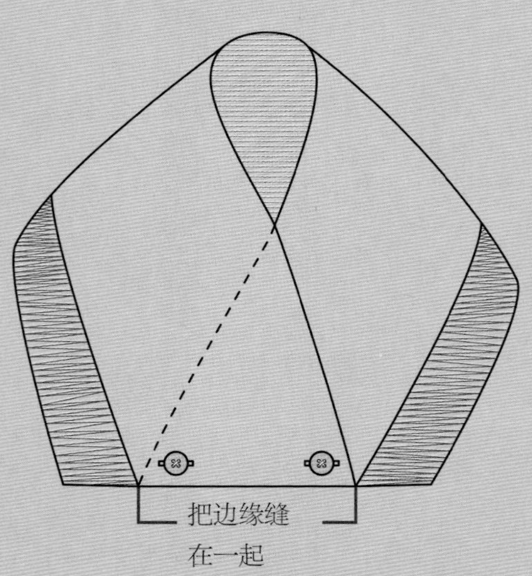

cowl of many colors

彩虹色 七彩条纹巴拉克拉法帽

缤纷的色彩和丰富的层次构成了这件多用途的单品，绝对能御寒的行头。准备好了吗？出发！

stripe it rich

混搭式 彩色条块围巾

用两种编织花样、几种色彩混搭和粗线编织而成，你会感觉自己完全住进一个巨大套头围巾里面。

所需材料

毛线

- 羊毛线，每束 250g，大约 112m 长
- 2 束紫色线（A 线）
- 驼色（B 线）、黑色（C 线）和浅棕色（D 线）各 1 束

针

- 1 根 15 号（10mm）、60cm 长的环形棒针，或者能织出相同密度的棒针

其他物品

- 记号圈
- 绣针

彩色条块套头围巾

这条彩色条块状的围巾融合了我最喜欢的三个因素：圆筒状、粗线条和混搭风。双层编织更大程度地提升了温暖的感觉。

成品尺寸

周长 80cm

高度 33cm（种子针）和 28cm（全下针平针）

编织密度

用 15 号针织全下针平针 10cm，需 13 圈，每圈 9 针。

用 15 号针织种子针 10cm，需 14 圈，每圈 7 .5 针。

检验密度。

种子针织法

（起针数为奇数）

第 1 圈 *1 针下，1 针上；从 * 开始重复到最后余 1 针，1 针下。

第 2 圈 *1 针上，1 针下；从 * 开始重复到最后余 1 针，1 针上。

重复织第 1 圈和第 2 圈就形成了种子针。

围巾的织法

用 A 线起 49 针，放置记号圈并连成一圈，注意线圈方向不要扭转。

织 64 圈种子针，从基础行测量长度为 46.5cm。

剪断 A 线，换 B 线编织。织 21 圈全下针平针。从基础行测量长度为 63cm。

剪断 B 线，换 C 线编织。织 13 圈全下针平针。从基础行测量长度为 73cm。

剪断 C 线，换 D 线编织。织 9 圈全下针平针。从基础行测量长度为 80cm。

收针。

完成

藏起所有线头。将收针行与起针行缝合。

Frusatin

chain reaction
连锁反应 锁链式围巾

无论是长长地垂下来，还是绕两圈用以保暖，这条锁链式围巾都会提高你的回头率。

所需材料

毛线

- 羊毛线，每束 113g，大约 114m 长（羊毛 / 马海毛）
- 2 束金黄色线（A 线）
- 黑色线（B 线）和奶油色线（C 线）各 1 束

针

- 10.5 号（6.5mm）、40cm 长和 60cm 长的环形棒针各 1 根，或者能织出相同密度的棒针

其他物品

- 记号圈
- 绣针

锁链式围巾

简单的锁链式围巾可能看起来太平淡无奇了，需要用不同的尺寸和色彩搭配才能突出效果。通过颜色和编织花样的变化来体现设计感，在设计上不要受约束。

成品尺寸

周长 122cm

高度 10cm

编织密度

用 10.5 号针织种子针 10cm，需 24 圈，每圈 11 针。

检验密度。

种子针的织法

（起针数为奇数）

第 1 圈 *1 针下，1 针上；从 * 开始重复到最后 1 针，1 针下。

第 2 圈 *1 针上，1 针下；从 * 开始重复到最后 1 针，1 针上。

重复织第 1 圈和第 2 圈，就形成了种子针。

围巾的织法

锁链 1

用短的环形棒针和 A 线起 47 针，放置记号圈并连成一圈，织种子针至 10cm。

收针。

锁链 2 和锁链 3

跟锁链 1 的织法相同，但是起针后在连成一圈之前，把环形棒针的一端穿过前一个锁链的中心。

锁链 4 和锁链 5

用短的环形棒针和 B 线起 47 针，把环形棒针的一端穿过前一个锁链的中心，放置记号圈并连成一圈。

[织 3 圈上针，3 圈下针] 重复 4 次，织 3 圈上针，收针。

锁链 6

用长的环形棒针和 C 线起 132 针，把环形棒针的一端先穿过锁链 1，再穿过锁链 5，放置记号圈并连成一圈。

每圈都织下针，至 7.5cm。

收针。

上针面向外，把锁链的边缘折进去，把接缝缝合，这样接缝就位于中间。

完成

藏起所有线头。

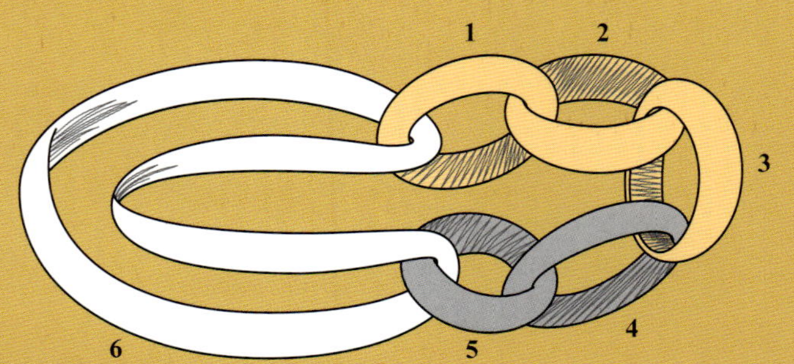

world's fair

世界风 费尔岛围巾

这条花样繁复如珠宝般炫目的围脖围巾适合于各种风格，如果把它和你旅行带回来的小物品搭配在一起，更有异国风情。

所需材料

毛线

- 羊毛线，每束50g，大约80m长（羊毛/羊绒）
- 天蓝色（A线）、红褐色（B线）、草绿色（C线）、唇膏色（D线）、菊黄色（E线）、丹宁色（F线）、极光粉红色（G线）和葡萄红色线（H线）各1束

针

- 1根10.5号（6.5mm）、60cm长的环形棒针，或者能织出相同密度的棒针

其他物品

- 记号圈
- 绣针

费尔岛围巾

如果你喜欢彩色的物品和图案，这款设计就是为你量身打造的。每隔几行就会加入反传统的扭转线条，当在同一行中出现两种颜色的毛线时，就自然地将两条线合在一起编织，得到更丰富有趣的视觉效果。

成品尺寸

肩部周长 70cm

颈部周长 58.5cm

高度（从卷边外缘测量） 23cm

编织密度

用10.5号针织全下针平针10cm，需22圈，每圈14针。

检验密度。

注意

把不用的线挂在织物的反面。

围巾的织法

脸部

用A线起80针，放置记号圈并连成一圈，注意线圈方向不要扭转。

第1圈到第5圈 用A线织全下针。

第6圈到第10圈 用B线织全下针。

第11圈到第15圈 用C线织全下针。

第16圈到第20圈 用D线织全下针。

第21圈到第26圈 用E线织全下针。

颈部

第1圈（折边） 用1股C线和1股D线合在一起织全上针。

第2圈和第3圈 用A线织全下针。

第4圈到第9圈 按照织图A织6圈。

第10圈到第12圈 用A线织全下针。

第13圈 用1股E线和1股F线合在一起织全上针。

第14圈 用C线织全上针。

第15圈到第20圈 按照织图B织6圈。

第21圈和第22圈 用C线织全下针。

第23圈 用1股A线和1股F线合在一起织全上针。

第24圈和第25圈 按照织图C织2圈。

第26圈 用E线织全下针。

第27圈 用1股A线和1股G线合在一起织全上针。

肩部

第1圈 用B线织全下针。

第2圈（加针圈） 用B线，*4针下，下个线圈里前后织加针；从*开始重复到最后——共96针。

第3圈到第14圈 按照织图D织12圈。

第15圈到第17圈 用G线织全下针。

第18圈 用1股C线和1股E线合在一起织全上针。

第19圈 用1股E线和1股H线合在一起织全上针。

第20圈 用1股D线和1股H线合在一起织全上针。

第21圈 用1股A线和1股D线合在一起织全上针。

第22圈 用1股A线和1股F线合在一起织全上针。

下一圈 用1股B线和1股F线合在一起织全上针。将所有线圈按下针方向收针。

完成

藏起所有线头。将围巾的脸部那部分沿着折边向里翻进去，把下部边缘松松地缝固定。

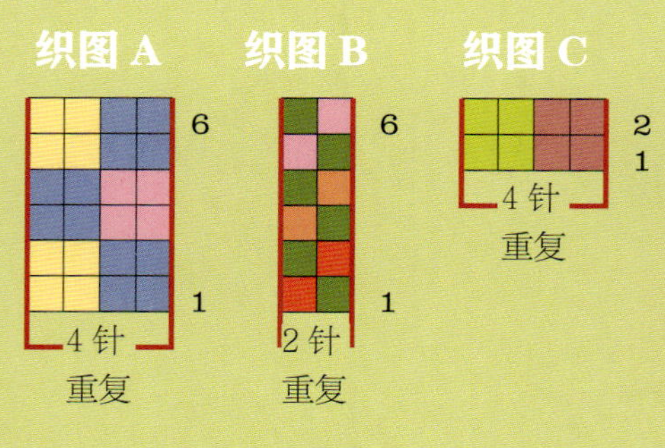

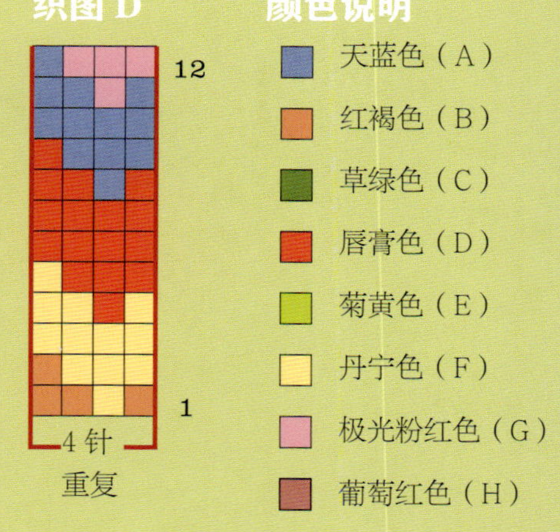

do the twist

扭起来 阿伦围脖围巾

无论你是在爱尔兰停留还是在第五大街漫步，戴着这条围巾都会温暖而又时尚。

所需材料

毛线

- 羊毛线，每卷50g，大约长55m（羊毛/丙烯酸纤维/马海毛/腈纶）
- 3卷咖喱色线

针

- 1根10.5号（6.5mm）、40cm长的环形棒针，或者能织出相同密度的棒针
- 2根麻花针

其他物品

- 记号圈

阿伦围脖围巾

羊毛本身的硬度再加上麻花竖条纹，让这条围巾可以竖立起来——恰好从下往上完美地保护了颈部。阿伦图案和斑驳的颜色流露出浓郁的凯尔特风。

成品尺寸

肩部周长 62cm

颈部周长 49.5cm

高度 18cm

编织密度

用10.5号针织麻花针（按照织图重复织6圈）10cm，需23圈，每圈16针。

用10.5号针织扭罗纹针（按照织图重复织34圈）10cm，需19圈，每圈17针。

检验密度。

织图花样（见130页）

（起针数为6的倍数）

4针右麻花 滑2针到麻花针上挂在织物的后面，2针下，从麻花针上织2针下。

4针左麻花 滑1针到第1根麻花针上，挂在织物的前面，滑2针到第2根麻花针上，挂在织物的后面，下针织线圈后面；从第2根麻花针上织2针上，从第1根麻花针上织线圈后1针下。

织球形 [在1个线圈中前后织下针]重复3次——共6针，然后用左手针将第2针、第3针、第4针、第5针和第6针一次性越过第1针。

移动记号圈 取下一圈的记号圈，上针方向滑1针，毛线挂在后面，重新放置记号圈标记一圈的结束，表示向左移动了1针。

第1、2、4、5、6圈 *4针下，2针上；从*开始重复到一圈结束。

第3圈 *4针右麻花，2针上；从*开始重复到一圈结束。

第7圈到第24圈 把1到6圈再重复3次。

第25圈 *2针下，加1针，2针下，2针上；从*开始重复到一圈结束——共91针。

第26圈 *2针下，织球形，2针下，2针上；从*开始重复到一圈结束。

第27圈 *1针下，加1针，1针下，1针上，1针下，加1针，1针下，2针上；从*开始重复到一圈结束。

第28圈 *1针下，织球形，1针下，1针上，1针下，织球形，1针下，2针上；从*开始重复到一圈结束。

第29圈到第31圈 *[1针下，1针上]重复3次，1针下，2针上；从*开始重复到一圈结束。

第32圈（移动记号圈） *[1针下，线圈后面织1针下]重复2次，1针上，4针左麻花；从*开始重复到一圈结束。

第33圈 *[1针上，线圈后面织1针下]重复3次，左上2并针，线圈后面织1针下；从*开始重复到一圈结束。

围巾的织法

起78针，放置记号圈并连成一圈，注意线圈方向不要扭转。

开始按照织图花样编织（见130页）

第1圈 将织图（第130页）的6针重复13次。继续在织图的第39圈的基础上按照花样编织。围巾从基础行测量高度为18cm。按罗纹花样收针。

完成

藏起所有线头。

true brit
精美绝伦 披肩式围巾

在下着浓雾的伦敦，准备一条这样的围巾是再合适不过的了，不仅可以刚好围住脖子，还可以如披肩般包裹住肩膀。

RAINES®

所需材料

毛线

- 开司米羊绒线，每束50g，大约长86m（美利奴羊毛/真丝/羊绒）
- 2束碧玉色线（A线）
- 1束锌白色线（B线）

针

- 1根8号（5mm）、60cm长的环形棒针，或者能织出相同密度的棒针

其他物品

- 记号圈
- 绣针

双色披肩式围巾

这条优雅的围巾有上、下两部分，上面是经典的麻花图案围巾，延伸到下面是左右不对称的小披肩。三种不同的针法铺展开来，再搭配简单的色块，整体散发出温暖的华丽风。

成品尺寸

颈部周长 66cm

高度 41cm

编织密度

用8号针按织图花样编织10cm，需25圈，每圈22针。

用8号针织种子针10cm，需32圈，每圈18针。

检验密度。

织图花样

（起针数为5的倍数）

第1圈到第5圈 *3针下，2针上；从*开始重复到一圈结束。

第6圈 *空针加针，滑1针，左下2并针，滑针越过并针，空针加针，2针上；从*开始重复到一圈结束。

重复第1圈到第6圈完成织图花样。

双罗纹针

（起针数为4针的倍数）

第1行（正面） *2针下，2针上；从*开始重复到最后。

第2行（反面） 重复第1行。

重复第1行和第2行就形成了双罗纹针。

种子针的织法

（起针数为偶数）

第1行（正面） *1针下，1针上；从*开始重复到最后。

第2行（反面） *1针上，1针下；从*开始重复到最后。

重复第1行和第2行就形成了种子针。

围巾的织法

围巾的颈部部分

用A线起145针，放置记号圈并连成一圈，注意线圈方向不要扭转。

将织图的第1圈到第6圈重复6次。

下一圈 *3针下，2针上；从*开始重复到一圈结束。

减针圈 *3针下，左下2并针；从*开始重复到一圈结束——116针。

下一圈 全下针，收针。

围巾的披肩部分

用毛线B，起56针。按照下面步骤反正面按行编织。

织双罗纹针至7.5cm，以反面行结束。

下一行（正面） 织种子针34针，放置记号圈，按照之前的罗纹花样继续编织到最后。

下一行 织罗纹针到记号圈处，织种子针到最后。

重复最后两行，直到从基础行测量织片长度为74cm（种子针部分的边需要跟颈部围巾完全对整齐）。取下记号圈。

全部线圈织双罗纹针至7.5cm。按花样收针。

完成

藏起所有线头。将围巾的颈部和披肩两部分按照下面步骤连起来：把披肩部分横向对折。把颈部围巾的收针边跟披肩的种子针边缘对齐缝合。最后把披肩的罗纹针边缘缝起来。

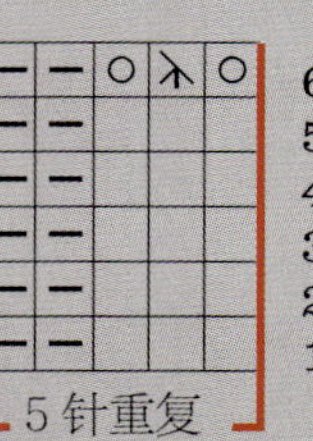

针法说明

□ 下针

⊟ 上针

○ 空针加针

⋏ 滑1针，左下2并针，滑针越过并针

in the snood

戴上连帽式围巾 网眼式

把连帽式围巾拉上去裹住头部微服出行；或者松松地套在脖子上显现出轻松愉快的心情，一切随心所欲！

所需材料

毛线

- 美利奴线，每束 113g，大约长 172m（安哥拉羊毛 / 羊绒）
- 2 束黄色线

针

- 1 根 8 号（5mm）、61cm 长环形棒针，或者能织出相同密度的棒针
- 2 根 8 号（5mm）双头棒针

其他物品

- 记号圈

网眼连帽式围巾

这条多功能的围巾是用非常简单的网眼花样编织而成，上面有横向的蕾丝图案。对于织蕾丝的新手来说这件头巾单品就是完美的选择。

成品尺寸

周长 61cm

高度 38cm

编织密度

用 8 号针织网眼针 10cm，需 36 圈，每圈 15 针。

检验密度。

网眼针的织法

（起针数为偶数）

第 1 圈到第 3 圈 全下针。

第 4 圈 全上针。

第 5 圈 *左下 2 并针，空针加针；从*开始重复到一圈结束。

第 6 圈 全上针。

重复第 1 圈到第 6 圈便形成了网眼针。

围巾的织法

用环形棒针起 90 针，放置记号圈并连成一圈，注意线圈方向不要扭转。

全下针织 1 圈。

全上针织 1 圈。

织网眼针直到从基础行测量织物高 37cm，以第 6 圈织法结束。

全下针织 3 圈。

全上针织 1 圈。

收针。

完成

藏起所有线头。

一字绳索（见 134 页）

用双头棒针起 3 针。

第 1 圈 3 针下，不用翻面。把 3 个线圈滑到针的另一端。

重复第 1 圈的织法，每次都在一行结束时把线拉紧，直到绳索长 152cm。收针。把一字绳索从上部网眼的第 3 圈穿出来。

spheres of influence

超感染力

球形项链

谁说围巾只要实用就好？有时候女孩子戴围巾就是为了一种乐趣。你完全可以织成一串球形，将它变成奇妙的项链。

所需材料

毛线

- 羊毛线每束100g，大约长174m（羊驼毛）
- 2束黑色线（A线）
- 蓝色线（B线）、红色线（C线）、绿色线（D线）、白色线（E线）、紫色线（F线）、棕色线（G线）和灰色线（H线）各1束

针

- 1套（4根）8号（5mm）双头棒针，或者能织出相同密度的棒针

其他物品

- 记号圈
- 绣针
- （小项链）12个直径为6.7cm的泡沫球；12个直径为3.3cm的泡沫球
- （大项链）8个直径为10cm的泡沫球

球链

这两条编织而成的球形项链（一条小项链和一条大项链）是色彩和漂亮粗纹的美妙结合。

成品尺寸

周长 134.5cm(小项链)、147.5cm(大项链)

编织密度

用8号针织全下针平针10cm，需20圈，每圈18针。

检验密度。

注意

按照编织说明，织出不同颜色的条纹。当长度足够时，在里面装入泡沫球。绕着项链系紧线以固定泡沫球。用6股线(3A线，3E线)固定直径6.7cm的球，用4股线(2A线，2E线)固定直径3.3cm的球。紧紧缠绕绳索后用方结固定。修剪末端。先装入12个直径6.7cm的球，再装入12个直径3.3cm的球。

每完成一种颜色的编织就把毛线剪断。在装入泡沫球之前，把新线和旧线在项链的里面先接好。

小项链的织法

用E线起24针，平均分到3根棒针上，放置记号圈并连成一圈。

按照下面的条纹顺序织每一圈。

14圈E线，4圈A线，8圈F线，14圈B线，4圈D线，12圈G线，15圈C线，12圈H线，11圈F线，13圈D线，5圈B线，9圈G线，13圈C线，5圈F线，7圈H线，5圈F线，16圈G线，13圈A线。

下一圈（减针圈） 用A线，[2针下，滑针，滑针，1针下]重复6次——共18针。现在可以把全部12个球都装进去了。

用E线每圈都织下针，直到可以装入6个直径3.3cm的泡沫球。

用A线每圈都织下针，把剩余的6个直径3.3cm的泡沫球也装进去。

收针。

完成

用绣针把项链的一端跟另外一端连接起来。用4股绳索把最后一处连接处系紧。

注意（大项链）

每完成一种颜色的编织就把毛线剪断。在装入泡沫球之前，把新线和旧线在项链的里面先连接好。

大项链的织法

用A线起12针，平均分到3根棒针上。放置记号圈并连成一圈。下针织3圈。

加针圈[1针下，挑针加针]重复12次——共24针。

3圈下针。

加针圈[2针下，挑针加针]重复12次——共36针。

每圈都织下针，直到从基础行开始测量织物长51cm。

减针圈[1针下，滑针，滑针，下针]重复12次——共24针。

3圈下针。

减针圈[滑针，滑针，下针]重复12次——共12针。织2圈下针。

用F线按照下面说明编织。

第1圈和第2圈 下针。

第3圈[1针下，挑针加针]重复12次——共24针。

第4圈到第6圈 下针。

第7圈 [2针下，挑针加针]重复12次——共36针。

第8圈到第25圈 下针。把泡沫球经过3根棒针，装入织好的长袋子里面。

继续按照下面编织：

第26圈 [1针下，滑针，滑针，下针]重复12次——共24针。

第27圈到第29圈 下针。

第30圈 [滑针，滑针，下针]重复12次——共12针。

第31圈和第32圈 下针。

按照下面的颜色顺序，将第1圈到32圈再重复7次：G线，D线，B线，H线，C线，E线和G线。

收针。

完成

藏起所有线头。用绣针把项链的一端跟另外一端连接起来。用一字绳索把每个泡沫球的两侧系紧。

good investment

一款两用 背心式围巾

有时候不仅仅你的脖子需要保持温暖，这条围巾和背心两用的织物还能给你的身体带来温暖。

所需材料

毛线

- 羊毛线每束200g，大约长76m
- 4束玫红色线

针

- 1根13号（9mm）、60cm长的环形棒针，或者能织出相同密度的棒针
- 2根13号（9mm）双头棒针

其他物品

- 记号圈和别针

背心式围巾

这件不寻常的织物有两种戴法：全部围在脖子上就是一条围巾，将一部分拔下来——就成了紧身短背心！如果当作围巾围，还可以把它衬在外套下面或者放在外面，随心所欲地搭配吧！

成品尺寸

领部周长 68cm

长度 43cm

编织密度

用13号针织上下针10cm，需17圈，每圈9针。

检验密度。

围巾的织法

领部

起60针，放置记号圈并连成一圈，注意线圈方向不要扭转。

每圈织下针直到从起针行测量高度为33cm。取下记号圈，不翻面。

分为前后片编织。

第1行（反面） 织30针下针（前片），把这些线圈移到安全别针上。下针织到最后（后片）。按照下面说明正反面织这30针。

后片

下针织44行。后片从领部上方开始测量高度为26.5cm。剪断毛线。把线圈移到安全别针上。

前片

正面朝外，重新加入毛线，下针织36行。从领部上方开始测量高度为22cm。剪断毛线，线圈留在针上。

一字绳索作为系带（见134页）

用双头棒针起3针，按照下面说明制作绳索。

第1圈 下针织3针，不用翻面，把线圈滑到针的另外一端。重复第1圈直到绳索长25.5cm。

把一字绳索连接到前片

前片的正面朝外，把织一字绳索的3针线圈移到环形棒针上，并按照下面说明编织，（环形棒针作为左手针，双头棒针作为右手针）*2针下，左下2并针，滑这3个线圈回到左手针上；从*开始重复，直到环形棒针和双头棒针上的所有线圈都织完，就形成了25.5cm的绳索。收针。

后片绳索织法与前片相同。

完成

藏起所有线头。领部向内对折，与围巾反面的上针起针行用线粗缝合固定。在身体两侧用一字绳索打方结。

silver streak

银色优雅 蕾丝大围巾

可爱的蕾丝围巾围在头上，围巾下面部分如瀑布般落下来遮挡住颈部。既可以把它折进去衬在外套下面，也可以围在外面并用胸针固定，看起来有截然不同的效果。

所需材料

毛线

- 羊毛线每束 50g，大约长 123m（羊毛 / 真丝 / 牛奶蛋白）
- 3 束雾色线

针

- 1 根 6 号（4mm）、40cm 长的环形棒针，或者能织出相同密度的棒针

其他物品

- 7 个记号圈
- 绣针

蕾丝围巾

我喜欢有多种用途的物件。这条围巾既可以拉上去也可以拉下来，可以衬在里面也可以翻在外面，并用别针固定和装饰，也可以同时综合上述功能佩戴！

成品尺寸

周长 54.5cm

长度 71cm

编织密度

用 6 号针织编织图花样 10cm，需 28 圈，每圈 22 针。

检验密度。

织图花样

（起针数为 17 的倍数）

第 1 行（正面） *1 针上，线圈后织 1 针下；左下 4 并针，[空针加针，1 针下] 重复 5 次，空针加针，左下 4 并针，线圈后织 1 针下，1 针上；从 * 开始重复。

第 2 行和第 4 行（反面） *1 针下，15 针上，1 针下；从 * 开始重复。

第 3 行（正面） *1 针上，线圈后织 1 针下，13 针下，线圈后织 1 针下，1 针上；从 * 开始重复。

重复第 1 行到第 4 行就形成了织图花样。

（**注意** 如果环形编织织图花样时，第 2 行和第 4 行应该这样织（正面）*1 针上，15 针下，1 针上；从 * 开始重复。）

围巾的织法

部分 Ⅰ：有尖角的部分用起伏针（上下针）编织

第 1 行（正面） 全下针。

第 2 行 下针前后织，1 针下，下针前后织——共 5 针。

第 3 行 全下针。

第 4 行 1 针下，挑针加针，下针织到最后余 1 针，挑针加针，1 针下——共 7 针。

第 5 行到第 14 行 再重复 5 次第 3 行和第 4 行的织法——共 17 针。

第 15 行 全下针。

部分 Ⅱ：开始按照织图花样编织（见 130 页）

第 1 行（正面） 按照织图花样第 1 行织 17 针，放置记号圈，起 1 针——共 18 针。

第 2 行 1 针下，滑记号圈，按照织图花样第 2 行织 17 针，放置记号圈，起 1 针——共 19 针。

第 3 行 1 针下，滑记号圈，按照织图花样第 3 行织，滑记号圈，挑针加针，1 针下——共 20 针。

第 4 行 2 针下，滑记号圈，按照织图花样第 4 行织，滑记号圈，挑针加针，1 针下——共 21 针。

第 5 行 下针织到记号圈，滑记号圈，按照之前的 17 针织图花样织，滑记号圈，下针织到最后余 1 针，挑针加针，1 针下——22 针。

第 6 行到第 34 行 重复第 5 行——51 针。最后 1 行按照织图第 2 行编织。

部分 Ⅲ：在原有部分的两侧再重复一次织图编织

第 1 行（正面） [将织图的 17 针按第 3 行织法] 再重复 3 次，放置记号圈，起 1 针——共 52 针。

第 2 行 1 针下，[滑记号圈，将织图的 17 针按第 4 行织法] 再重复 3 次，放置记号圈，起 1 针——共 53 针。

第 3 行 1 针下，滑记号圈，按之前的花样织到最后 1 个记号圈处，滑记号圈，挑针加针，1 针下——共 54 针。

第 4 行 2 针下，滑记号圈，按之前的花样织到最后 1 个记号圈处，滑记号圈，挑针加针，1 针下——共 55 针。

第 5 行 下针织到记号圈，滑记号圈，按之前的花样织到最后 1 个记号圈处，滑记号圈，挑针加针，1 针下——共 56 针。

第 6 行到第 34 行 重复第 5 行——85 针。最后 1 行按照织图第 4 行编织。

部分 Ⅳ：在两侧再重复一次织图编织

第 1 行（正面） [按照织图花样第 1 行织这 17 针] 重复 5 次，放置记号圈，起 1 针——共 86 针。

第 2 行 1 针下，[滑记号圈，按照织图花样第 2 行织 17 针] 重复 5 次，放置记号圈，起 1 针——共 87 针。

第 3 行 1 针下，滑记号圈，按之前的花样织到最后 1 个记号圈处，滑记号圈，挑针加针，1 针下——共 88 针。

第 4 行 2 针下，滑记号圈，按之前的花样织到最后 1 个记号圈处，滑记号圈，挑针加针，1 针下——共 89 针。

第 5 行 下针织到记号圈，滑记号圈，按之前的花样织到最后 1 个记号圈处，滑记号圈，下针织到最后余 1 针，挑针加针，1 针下——共 90 针。

第 6 行到第 34 行 重复第 5 行——119 针。最后 1 行按照织图第 2 行编织。

部分 V：围巾的剩余部分环形编织（见 130 页连接图表）

下 1 行（正面） 放置记号圈表示一圈的开始，[按照织图花样第 3 行织这 17 针] 重复 7 次，不用翻面，连成一圈继续按下面要求环形编织。

下一圈 [按照织图花样第 4 行（按照环形编织模式）织这 17 针] 重复 7 次。

继续按照之前的花样编织，直到从基础行测量长 71cm。

收针。

完成

藏起所有线头。

loop of luxury

华丽的圈套

麻花围巾

用光滑柔软的羊驼毛线织出漂亮的麻花花纹，这样奢华美丽的套头围巾对颈部来说可谓是一场盛宴。

所需材料

毛线

- 羊驼毛线每束100g，大约长99m
- 2束花岗岩色线

针

- 1根10号（6mm）、60cm长的环形棒针，或者能织出相同密度的棒针

其他物品

- 记号圈
- 绣针

麻花针图案的套头围巾

这是由毛线引发灵感的创作。毛线本身的特性极其复杂，既有华丽斑驳的色彩，也有柔软温和的质地，不过仍然需要有更丰富的花纹来搭配。尺寸要大小适度，避免过大，是一份能迅速完成的礼物！

成品尺寸

周长 63.5cm

高度 33cm

编织密度

用10号针织织图花样10cm，需18圈，每圈16针。

检验密度。

麻花针的织法

（起针数为偶数）

第1圈 *线圈后织1针下，1针上；从*开始重复到一圈的结束。

重复第1圈的织法就完成了麻花针。

织图花样

（起针数为4的倍数）

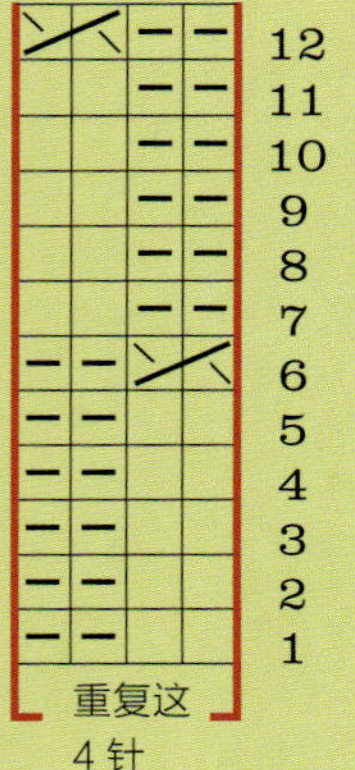

针法说明

□ 下针

⊟ 上针

2针右扭针

2针右扭针 下针织左手针上的第2个线圈，然后织第1个线圈，把两个线圈同时从左针上滑下来。

第1圈到第5圈 *2针下，2针上；从*开始重复到一圈结束。

第6圈 *2针右扭针，2针上；从*开始重复到一圈的结束。

第7圈到第11圈 *2针上，2针下；从*开始重复到一圈结束。

第12圈 *2针上，2针右扭针；从*开始重复到一圈结束。

重复织第1圈到第12圈，就形成了织图花样。

围巾的织法

起100针，放置记号圈并连成一圈，注意线圈方向不要扭转。

织麻花针至6.5cm。

开始按织图花样编织

第1圈 将织图的4针重复织25次。

按照织图花样编织，直到重复完3次织图花样。织麻花针至6.5cm。从基础行测量围巾高度为33cm。按照罗纹花样收针。

完成

藏起所有线头。

net assets

卓尔不群 黑白网格围巾

再没有比这条轮廓鲜明的黑白格子围脖围巾更为醒目的了，好像你被网住了一样。

所需材料

毛线

- 羊毛线每束 50g，大约长 55m
- 白色线（主色线）和黑色线（撞色线）各 3 束

针

- 1 根 13 号（9mm）、60cm 长环形棒针，或者能织出相同密度的棒针
- 2 根 13 号（9mm）双头棒针

其他物品

- 记号圈
- 绣针

黑白网格围脖围巾

这条黑白双色的设计对于结构性编织技巧来说是一种锻炼。首先你需要编织一个网状织物，然后再织一条一字绳索贯穿织物的网眼。不过毋需担心，实际操作比看起来容易很多。如果你希望花纹更粗犷，你可以把两股线合在一起织。

成品尺寸

周长 68.5cm

高度 18cm

编织密度

用两股线，13 号针织全下针平针 10cm，需 12 行，每行 10 针。

用两股线，9mm 针织网眼针 10cm，需 19 圈，每圈 8 针。

检验密度。

注意

从头到尾都用两股线合在一起编织。

围巾的主体是网格织物，再编织一条一字绳索贯穿其中。先完成主体部分以后再编织一字绳索，直接用编织主体时使用的线圈继续编织就可以。

编织主体的时候，每一圈都是反面朝外进行环形编织。织完一字绳索后，把围巾正面翻出来，把绳索穿入网眼中。

网眼花样的织法

（起针数为 3 的倍数）

第 1 圈 全上针。

第 2 圈 *1 针下，空针加针，线圈后左下 2 并针；从 * 开始重复到最后。

重复第 1 圈和第 2 圈的织法就形成了网眼花样。

一字绳索的织法（见 134 页）

第 1 圈 *3 针下，不用翻面。把 3 个线圈滑到双头棒针的另一端。

重复第 1 圈的织法就形成了一字绳索。

围巾的织法

用 2 股主色线和环形棒针，起 54 针。放置记号圈并连成一圈，注意线圈方向不要扭转。

下针织 1 圈。

将网眼针的第 1 圈和第 2 圈重复 12 次。

下一圈 上针。剪断主色线，加入 2 股撞色线。

下针织 1 圈，上针织 1 圈，下针织 1 圈。

一字绳索 * 用双头棒针，从环形棒针上织 3 针下针。用两根双头棒针只织这 3 针，织一字绳索至 28cm。收针。剪断毛线，留 15cm 线尾（用来粗缝）。从 * 开始再重复 17 次，每织一条绳索需要加入一条新毛线。

把围巾的正面翻出来。把一字绳索向下穿入网眼中，形成时尚的斜纹外观，每次穿的时候都从第 1 个网眼穿进去，从第 2 个网眼穿出来，一直穿到底部边缘。当穿完所有的绳索后，再次把围巾的里面翻出来，反面向外，把每条绳索的末端隐藏到下一条绳索上第 1 个“梯子”的下面，用线尾把第一条绳索粗缝到第二条绳索的上面。每条绳索都这样处理。

完成

藏起所有线头。

aran-go-braid
阿伦式 麻花辫

这条花纹复杂的麻花辫式套头围巾集阿伦编织的艺术特色于一身。如果再搭配格子花呢衣服，就会将凯尔特风格的魅力发挥到极致了。

所需材料

毛线

- 羊毛线每束 100g，大约长 170m
- 3 束原色线

针

- 1 套（4 根）9 号（5.5mm）双头棒针，或者能织出相同密度的棒针
- 麻花针

其他物品

- 记号圈
- 绣针

阿伦式麻花辫套头围巾

这条奶白色的套头围巾是名副其实的传统阿伦式编织花样的典范，先织成三条筒状，然后再织出麻花辫的形状。试着用明亮的颜色编织，如果你希望看起来不那么传统，也可以选择多种色调的搭配。

成品尺寸

周长 66cm

宽度 18cm

编织密度

用 9 号针织种子针 10cm，需 28 圈，每圈 18 针。

检验密度。

注意

先单独织三条筒状围巾，然后再编成麻花辫子，最后缝合两端而成。

针法说明

怎样织球形 [在一个线圈中织前面后面、前面后面和前面]——共 5 针。让第 2、3、4、5 个线圈一次性越过第 1 个线圈并从针上脱下。把这个线圈移回到左针上，从线圈后面织 1 针下。

4 针右麻花 滑 2 针到麻花针上，挂在织物的后面，2 针下，从麻花针上织 2 针下。

4 针左麻花 滑 2 针到麻花针上，挂在织物的前面，2 针下，从麻花针上织 2 针下。

4 针右麻花 滑 2 针到麻花针上，挂在织物的前面，2 针下，从麻花针上织 2 针上。

4 针左麻花 滑 2 针到麻花针上，挂在织物的前面，2 针上，从麻花针上织 2 针下。

6 针左麻花 滑 3 针到麻花针上，挂在织物的前面，3 针下，从麻花针上织 3 针下。

种子针的织法

（起针数为偶数）

第 1 圈 *1 针下，1 针上；从 * 开始重复到最后。

第 2 圈 *1 针上，1 针下；从 * 开始重复到最后。

重复第 1 圈和第 2 圈就形成了种子针。

桂花针的织法

（起针数为 4 的倍数）

第 1 圈和第 2 圈 *2 针下，2 针上；从 * 开始重复到最后。

第 3 圈和第 4 圈 *2 针上，2 针下；从 * 开始重复到最后。

重复第 1 圈到第 4 圈就形成了种子针。

双罗纹针的织法

（起针数为 4 的倍数）

第 1 圈 *2 针下，2 针上；从 * 重复到最后。

重复第 1 圈的织法就形成了双罗纹针。

织图 A

（起针数为 15 的倍数）

第 1 圈和第 2 圈 *2 针上，8 针下，2 针上，3 针下；从 * 开始重复到一圈结束。

第 3 圈 *2 针上，4 针左麻花，4 针右麻花，2 针上，[在同一个线圈中织前面、后面、前面] 重复 3 次；从 * 开始重复到一圈的最后。

第 4 圈 *4 针上，4 针下，4 针上，[左下 3 并针] 重复 3 次；从 * 开始重复到一圈的结束。

第 5 圈和第 6 圈 *4 针上，4 针下，4 针上，3 针下；从 * 开始重复到一圈的结束。

第 7 圈 2 针上，4 针右麻花，4 针左麻花，2 针上，[在同一个线圈中织前面、后面、前面] 重复 3 次；从 * 开始重复到一圈的结束。

第 8 圈 *2 针上，8 针下，2 针上，[左下 3 并针] 重复 3 次；从 * 开始重复到一圈的结束。

重复第 1 圈到第 8 圈就形成了织图 A。

织图 B

（起针数为 15 的倍数）

第 1 圈、第 3 圈和第 4 圈 *2 针上，6 针下，2 针上，1 针下，1 针上，线圈后 1 针下，1 针上，1 针下；从 * 开始重复到一圈结束。

第 2 圈 *2 针上，6 针下，2 针上，1 针下，1 针上，织球形，1 针上，1 针下；从 * 开始重复到一圈的最后。

第 5 圈 *2 针上，6 针左麻花，2 针上，1 针下，1 针上，织球形，1 针上，1 针下；从 * 开始重复到一圈的结束。

第 6 圈 重复第 1 圈的织法。

重复第 1 圈到第 6 圈就形成了织图 B。

围巾的织法

围巾 1

起 24 针，平均分到 3 根棒针上。放置记号圈并连成一圈。

- A 部分

织 14cm 种子针。

1 圈下针。

5 圈上针。

1 圈下针。

- B 部分

织 13.5cm 桂花针。

1 圈下针。

5 圈上针。

1 圈下针。

- C 部分

织 12.5cm 双罗纹针。

1 圈下针。

5 圈上针。

1 圈下针。

把 A 部分和 B 部分再重复一次。按照花样收针。

从基础行测量围巾长度大约为 80cm。

围巾 2

起 30 针，平均分到 3 根棒针上。放置记号圈并连成一圈。

- A 部分

按照织图 A 编织，直到从基础行测量长度为 80cm。按照花样收针。

围巾 3

起 30 针，平均分到 3 根棒针上。放置记号圈并连成一圈。

- A 部分

按照织图 B 编织，直到从基础行测量长度为 80cm。按照花样收针。

完成

藏起所有线头。熨烫条形围巾。把每条围巾铺平展开，缝合末端（围巾 2 和围巾 3 注意要根据织图上的标记从围巾中心位置对齐缝合）。把三条围巾边挨着边，用大头针把一端固定在床上或者有软套包装的椅子上面，然后把三条围巾编成麻花辫。最后把整条围巾两头缝合（每条围巾的末端不一定要对齐）形成圆圈状。为了加固，围巾的边缘可以粗缝在一起。

编辫子的示意图

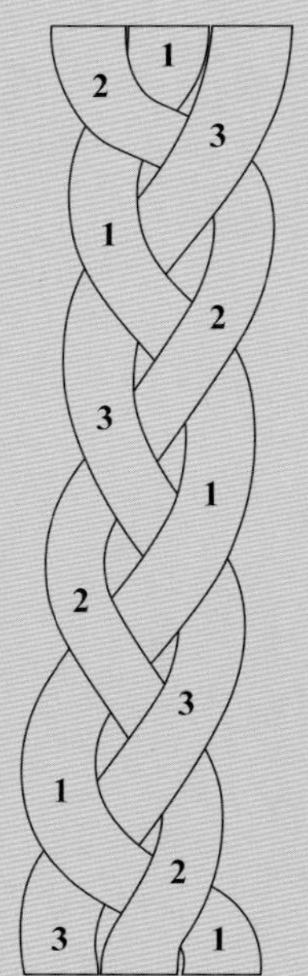

织图 A

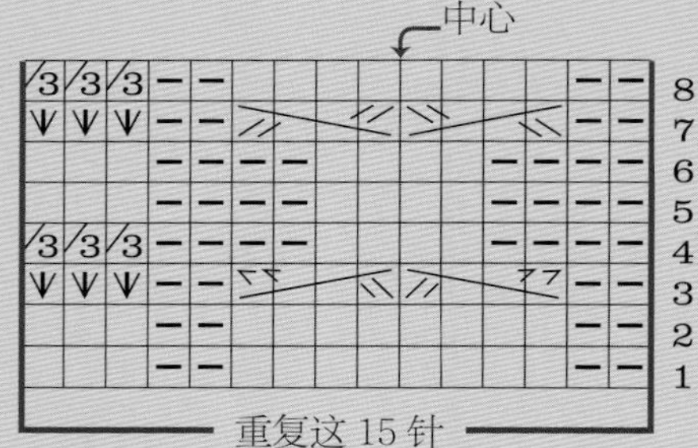

织图 B

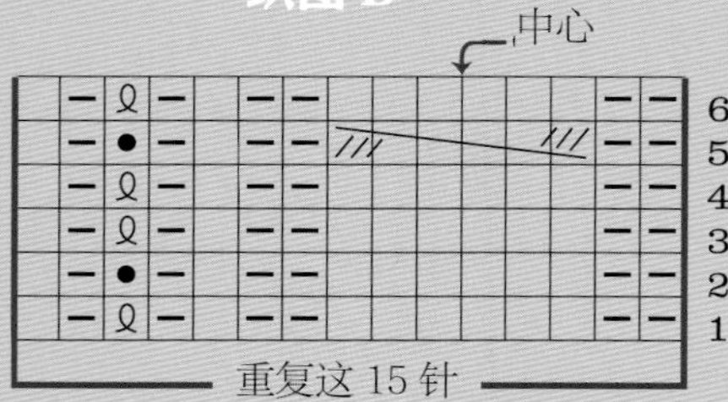

针法说明

- □ 下针
- ⊟ 上针
- 线圈后织 1 针下
- 织球形
- 在同一个线圈里织前面、后面、前面
- 左下 3 并针
- 4 针右麻花
- 4 针左麻花
- 4 针右麻花
- 4 针左麻花
- 6 针左麻花

hidden treasure

暗藏玄机 有口袋的围巾

有时候只要带几样东西——钥匙，几块钱零钱，交通卡，如果能把它们都装进这条有口袋的围脖围巾里，你就可以轻装出发了！

所需材料

毛线

- 羊驼毛线100g，每卷大约长41m（羊毛）
- 5束杜鹃红色线

针

- 1根13号（9mm）、40cm长环形棒针，或者能织出相同密度的棒针

其他物品

- 记号圈
- 绣针
- 3颗直径38mm的纽扣

有口袋的围脖围巾

这条罗纹围脖围巾条纹粗犷，圆筒形的结构创造出一个隐蔽的空间，三颗纽扣可保证里面物品的安全。它将会成为我们的秘密基地！

成品尺寸

周长 71cm

高度 20.5cm

编织密度

用13号针针织双罗纹针10cm，需12圈，每圈12针。

检验密度。

双罗纹针的织法

（起针数为4的倍数）

第1圈 *2针下，2针上；从*开始重复到最后。

重复第1圈的织法就形成了双罗纹针。

围巾的织法

起48针，放置记号圈并连成一圈，注意线圈方向不要扭转。织双罗纹针直到71cm。

完成

有扣眼的盖子部分。

下一圈（扣眼圈） 收26针，1针上，2针下，1针上，空针加针，1针上，2针下，2针上，1针下，空针加针，1针下，2针上，2针下，1针上，空针加针，1针上，2针下，2针上。按照下面说明，按行前后织这22针。

第1行（反面） 2针下，2针上，滑针，滑针，下针，1针下，2针上，2针下，滑针，滑针，上针，1针上，2针下，2针上，滑针，滑针，下针，1针下，2针上，2针下。

第2行和第4行 [2针上，2针下]重复5次，2针上。

第3行 [2针下，2针上]重复5次，2针下。按罗纹针花样收针。

把围巾的一端和另外一端缝合，注意把圆筒对整齐不要扭转，有扣眼的22针盖子部分不要缝上去。把线头藏起来。在起针边缘缝上纽扣，注意和扣眼对准。

（上接第110页）

第3层：单层小褶边

用C线，起340针。

第1行（正面） *2针下，第2针越过第1针并从针上脱下；从*开始重复到最后——共170针。

第2行 *左上2并针；从*开始重复到最后——共85针。

织1行下针，1行上针，2行上针。

网眼行（正面） 1针下，*空针加针，左下2并针；从*开始重复到最后。

下针织1行。收针。

完成

藏起所有线头。熨烫每一层织片。把三层织片重叠摆放，第1层放在最下面，然后把第2层放在中间，最上面放第3层。把网眼行对齐。用绣针穿上皮绳，沿着三层围巾的网眼一入一出地贯穿始终。在皮绳的两端靠近围巾处打结。在皮绳两端分别穿上木质珠子，并打结固定。最后将两条皮绳打结系在一起。

on the edge

美妙的褶边

英伦风褶边小围巾

把几层花边聚集成一条褶边饰品，为你的行头平添几分维多利亚风的迷人感觉。

所需材料

毛线

- 羊毛线每团 100g，大约长 167m
- 1 团浅橄榄绿色（A 线）
- 深蓝绿色线（B 线）和橄榄绿色线（C 线）各 1 团

针

- 1 根 8 号（5mm）、60cm 长的环形棒针，或者能织出相同密度的棒针

其他物品

- 记号圈
- 小山羊皮制的红色皮绳，3mm 宽，1.75mm 厚，22.85cm 长
- 2 颗橄榄形珠子，木质、天然棕色，30mm × 21mm

褶边围巾

这条多层领饰是用不同颜色的毛线编织出几条褶边后集中在一起而成的。织完这条领饰后，可以试试用其他颜色的线来织，说不定会有别样的惊喜哟！

成品尺寸

颈部周长 46cm

宽度 11.5cm

编织密度

用 8 号针织全下针平针 10cm，需 24 行，每行 18 针。

检验密度。

注意

这条领饰包含三层，先单独织每一条，最后用皮绳穿入网眼，把三条合在一起。

每条都用环形棒针正、反面织，因为环形棒针能容纳更多的线圈。

织图 A

（起针数为 14 的倍数加 1）

第 1 行（正面） 1 针下，*空针加针，3 针下，滑针，下针，滑针越过下针，空针加针，滑针，左下 2 并针，滑针越过并针，空针加针，左下 2 并针，3 针下，空针加针，1 针下；从 * 开始重复到最后。

第 2 行 全上针。

重复第 1 行和第 2 行的织法就形成了织图 A。

织图 B

（起针数为 16 的倍数加 5）

第 1 行（正面） *5 针下，11 针上；从 * 开始重复到最后余 5 针，5 针下。

第 2 行 5 针上，* 左下 2 并针，7 针下，滑针，下针，滑针越过下针，5 针上；从 * 开始重复到最后。

第 3 行 *5 针下，9 针上；从 * 开始重复到最后余 5 针，5 针下。

第 4 行 5 针上，* 左下 2 并针，5 针下，滑针，下针，滑针越过下针，5 针上；从 * 开始重复到最后。

第 5 行 *5 针下，7 针上；从 * 开始重复到最后余 5 针，5 针下。

第 6 行 5 针上，* 左下 2 并针，3 针下，滑针，下针，滑针越过下针，5 针上；从 * 开始重复到最后。

第 7 行 *5 针下，5 针上；从 * 开始重复到最后余 5 针，5 针下。

第 8 行 5 针上，* 左下 2 并针，1 针下，滑针，下针，滑针越过下针，5 针上；从 * 开始重复到最后。

第 9 行 *5 针下，3 针上；从 * 开始重复到最后余 5 针，5 针下。

第 10 行 5 针上，* 滑针，左下 2 并针，滑针越过并针，5 针上；从 * 开始重复到最后。

第 11 行 *5 针下，1 针上；从 * 开始重复到最后余 5 针，5 针下。

领饰的织法

第 1 层：蕾丝花边

用 A 线起 169 针。反面行开始织 1 行上针。

将织图 A 的两行重复 7 次。

减针行（正面） 1 针下，*[滑针，下针，滑针越过下针] 重复 4 次，左下 2 并针重复 3 次；从 * 开始重复到最后——共 85 针。

1 行全上针。

网眼行（正面） 1 针下，* 空针加针，左下 2 并针；从 * 开始重复到最后。

1 行全上针，1 行全下针。

在反面行下针方向收针。

第 2 层：钟形花边

用 B 线起 229 针。

按照织图 B 的第 1 行到第 11 行编织——共 89 针。

下 1 行（反面） 左下 2 并针重复 2 次，下针织到最后余 4 针，[滑针，下针，滑针越过下针] 重复 2 次——85 针。

网眼行（正面） 1 针下，* 空针加针，左下 2 并针；从 * 开始重复到最后。

下针织 1 行。收针。

（下接第 106 页）

织图 A

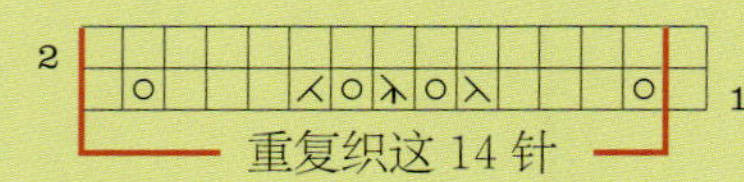

织图 B

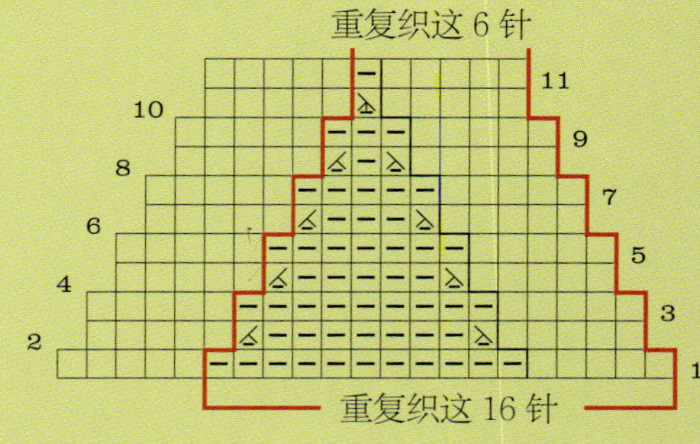

针法说明

- □ 下针
- ⊟ 上针
- ○ 空针加针
- 正面左下 2 并针
- 反面左下 2 并针
- 正面滑针，下针，滑针越过下针
- 反面滑针，下针，滑针越过下针
- 正面滑针，左下 2 并针，滑针越过并针
- 反面滑针，左下 2 并针，滑针越过并针

petal pusher
垂下的花瓣 金属风的马海毛围巾

柔软的马海毛线，闪闪发亮的金属丝线，再配上闪烁的水晶珍珠，这条浪漫的围巾真令人爱不释手。

所需材料

毛线

- 马海毛线（每束25g，大约长75m（真丝）
- 5束葡萄色线（主色线），每束50g，大约长113m（羊毛/棉）
- 2束高贵紫色丝光线（A线），每束25g，大约长175m（聚酯纤维）
- 1束银色线（B线）

针

- 8号（5mm）和9号（5.5mm）、长40cm的环形棒针各1根，或者能织出相同密度的棒针
- 5号（3.75mm）和7号（4.5mm）的双头棒针各1套（4根）

其他物品

- 记号圈和别针
- 36颗直径为12mm的深灰色、圆形有孔、施华洛世奇水晶珍珠
- 缝衣针和颜色搭配的线
- 多余的环形棒针，用来嫁接缝的时候容纳线圈
- 绣针

有金属丝线的马海毛围巾

这条富有诗意的围巾，灵感源自Jane Campion的电影*Bright Star*，在英国摄政王时期，诗人济慈的生活中极棒的服装风格。

成品尺寸

长度（不包括领结带） 58.5cm

高度 23cm

编织密度

用9号针按织图花样织10cm，需23圈，每圈18针。

用5号针，用A线织全下针平针10cm，需30圈，每圈22针。

检验密度。

围巾一边的织法

有花瓣的领结（制作3个）

用小号的双头棒针和A线起1针。

第1圈 下针前、后织2针。不用翻面，把线圈滑动到针的另外一端。

第2圈 2针下，不用翻面，滑动线圈。

第3圈 [下个线圈里前后织下针]重复2次——共4针。

第4圈 4针下。不用翻面，滑动线圈。

第5圈 用第1根棒针，在第1个线圈里前后织下针；用第2根棒针，[在下个线圈里前后织下针]重复2次；用第3根棒针，在最后1个线圈里前后织下针——共8针（第1根棒针上有2针；第2根棒针上有4针；第3根棒针上有2针）。

连成一圈，开始环形编织。

第6圈和所有偶数圈 全下针。

第7圈 第1根棒针：下针，前后织下针；第2根棒针：前后织下针，下针织到最后余1针，前后织下针；第3根棒针：前后织下针，最后下针——3/6/3针。

第9圈到第23圈的所有奇数圈 第1根棒针：下针织到最后，前后织下针；第2根棒针：前后织下针，下针织到最后余1针，前后织下针；第3根棒针：前后织下针，下针织到最后——11/22/11针。

第25圈 第1根棒针：4针下，[滑针，下针，滑针越过下针]重复3次，前后织下针；第2根棒针：前后织下针，左下2并针重复3次，4针下，[滑针，下针，滑针越过下针]重复3次，前后织下针；第3根棒针：前后织下针，左下2并针重复3次，2针下——9/18/9针。

第27圈 第1根棒针：2针下，[滑针，下针，滑针越过下针]重复3次，前后织下针；第2根棒针：前后织下针，左下2并针重复3次，4针下，[滑针，下针，滑针越过下针]重复3次，前后织下针；第3根棒针：前后织下针，左下2并针重复3次，2针下——7/14/7针。

第29圈 第1根棒针：2针下，[滑针，下针，滑针越过下针]重复2次，前后织下针；第2根棒针：前后织下针，左下2并针重复2次，4针下，[滑针，下针，滑针越过下针]重复2次，前后织下针；第3根棒针：前后织下针，左下2并针重复2次，2针下——6/12/6针。

第31圈 第1根棒针：左下2并针重复3次，前后织下针；第2根棒针：左下2并针重复6次；第3根棒针：左下2并针重复3次——3/6/3针。

第33圈 只用一根棒针，左下2并针重复6次——共6针。不用翻面，把线圈滑到棒针另一端。

第34圈和35圈 6针下。不用翻面，滑动线圈。织第2个花瓣的时候，剪断毛线，把线圈移到别针上。第3个花瓣，不用剪断毛线，线圈留在双头棒针上。

把花瓣连起来

把两个花瓣从别针上移到两个单独的棒针上，然后，用织第3个花瓣的双头棒针从1根双头棒针上织6针下，从下根双头棒针上织6针下——在第1根双头棒针上有18针。

把这些线圈平均分到3根双头棒针上，并

连成一圈按照下面说明进行环形编织。

第 1 圈和第 2 圈 全下针。

第 3 圈 左下 2 并针重复 9 次——共 9 针。

下针织 30 圈，然后上针织 3 圈。剪断毛线，把线圈留在针上。

换大号双头棒针和主色线织。

第 1 圈 [下针前后织，挑针加针] 重复 9 次——共 27 针。

第 2 圈 按照织图的第 3 圈织（见 131 页）。

第 3 圈 用主色线织下针。

第 4 圈 [下针前后织，挑针加针] 重复 27 次——共 81 针。

把织图的第 1 圈到第 5 圈重复 2 次。

换 8 号针，把织图的第 1 圈到第 5 圈重复 5 次。

换 9 号针，把织图的第 1 圈到第 5 圈重复 6 次。

把这些线圈移到空余的棒针上，剪断毛线，留 20.5cm 线尾。

围巾另一边的织法

与刚织过那边织法相同，只是把线圈留在 9 号棒针上。剪断毛线，留 137cm 线尾用来嫁接缝。

完成

用绣针和长的线尾，用嫁接缝的针法（见 134 页）把两条织物缝起来。最后用缝衣针和线，在每个花瓣上面缝 3 颗珍珠。

high contrast

强烈对比 条纹费尔岛围巾

用海军蓝与白色取代黑白对比的搭配，
使得这条条纹分明的围巾成为百搭精品。

所需材料

毛线

- 美丽奴羊毛线每束 50g，大约长 80m（羊绒）
- 2 束天蓝色线（A 线）
- 2 束白色线（B 线）

针

- 1 根 10.5 号（6.5mm）、60cm 长的环形棒针，或者能织出相同密度的棒针

其他物品

- 记号圈
- 绣针

费尔岛式条纹围巾

这条炫目的围巾使用了醒目的条纹和挪威式设计。

成品尺寸

肩部周长 79cm

颈部周长 72cm

高度 20cm

编织密度

用 10.5 号针织双色罗纹针 10cm，需 17 圈，每圈 17 针。

检验密度。

双色罗纹针的织法

（起针数为 4 的倍数）

第 1 圈 *用 A 线，2 针下，B 线挂在织物正面织 2 针上，B 线挂到织物反面；从*开始重复到最后。

重复第 1 圈的织法就形成了双色罗纹针。

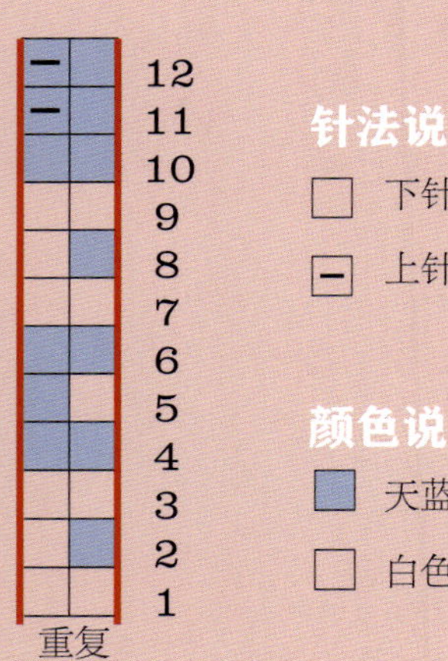

针法说明

☐ 下针

⊟ 上针

颜色说明

■ 天蓝色（A 线）

☐ 白色（B 线）

围巾的织法

颈部

用 A 线起 120 针，放置记号圈并连成一圈，注意线圈方向不要扭转。

织双色罗纹针直到织物从基础行测量高度为 25.5cm。

领口

下一圈 用 A 线织全下针。

加针圈 用 A 线，[9 针下，下个线圈里前后织下针] 重复 12 次——共 132 针。

按照织图的第 1 圈到第 12 圈编织。

用 A 线，用罗纹针收针。

完成

藏起所有线头。把围巾的罗纹部分向内对折，令起针行和领口的第 1 行对齐。熨烫，以免领口部分卷曲。

just bead it

点睛的串珠 围巾和项链巧妙组合

这个小物件是集实用和装饰于一体的魅力典范。在织好的围脖围巾上面加上几条绒线和珠子串成的项链，真是绝配啊！

所需材料

毛线

- 美丽奴羊毛线每束100g，大约长93m（真丝）
- 3束海军蓝色线（主色线），每束50g，大约长132m（腈纶）
- 1束灰色线（A线），每束75g，大约长36m（真丝质地带有玻璃珠）
- 1束雾色线（B线）

针

- 1根9号（5.5mm）、40cm长的环形棒针，或者能织出相同密度的棒针

其他物品

- 记号圈
- 绣针
- 136颗透明的小玻璃珠
- 1m长、16mm宽的丝带
- 1号钩针

围脖围巾和项链的组合

用钩针把透明的小玻璃珠钩成几条闪闪发亮的珠链，再与经典的麻花图案围脖围巾相搭配。可以只戴其中一条项链，也可以同时戴几条，完全随你心情。透明小玻璃珠非常轻，而且价格便宜，所以把它们串起来戴上让自己更耀眼吧！

成品尺寸

颈部周长 46cm

肩部周长 57cm

高度 15cm

编织密度

用9号针按织图A编织10cm，需21圈，每圈16针。

检验密度。

织图A的织法（见131页）

（起针数为4的倍数）

第1圈 *2针上，2针下；从*开始重复到一圈结束。

第2圈 *2针上，1针下，空针加针，1针下；从*开始重复到一圈结束。

第3圈 *2针上，3针下；从*开始重复到一圈结束。

第4圈 *2针上，3针下，然后用左手针的针尖，让右手针上的第1针越过后织的2针并从针上脱下；从*开始重复到一圈结束。

重复第1圈到第4圈的织法就形成织图A的花样。

织图B的织法（见131页）

（起针数为4的倍数）

第1圈 *1针上，上针挑针加针，1针上，2针下；从*开始重复到一圈结束。

第2圈 *3针上，1针下，空针加针，1针下；从*开始重复到一圈结束。

第3圈 *3针上，3针下；从*开始重复到一圈结束。

第4圈 *3针上，3针下，然后用左手针的针尖，让右手针上的第1针越过后织的2针并从针上脱下；从*开始重复到一圈结束。

第5圈 *3针上，2针下；从*开始重复到一圈结束。

第6圈到第9圈 把第2圈到第5圈重复1次。

第10圈到第12圈 把第2圈到第4圈重复1次。

围巾的织法

用主色线起72针，放置记号圈并连成一圈，注意线圈方向不要扭转。

把织图A的第1圈到第4圈重复5次。

织织图B的第1圈到第12圈。按花样收针。

项链A（制作1条）

用绣针和A线，把64颗珠子穿到线上。用钩针钩锁针（见135页），像下面这样操作，每针固定一个珠子。

在靠近线尾的地方在钩针上打1个活结。*滑动1个珠子到钩针处，钩针钩住珠子另一侧的毛线并钩出1针锁针（这样就“抓住”了1颗珠子）；从*开始重复，直到所有珠子都被“抓住”。剪断毛线，把项链连成一圈固定。

项链B（制作4条）

用绣针和A线，把72颗珠子穿到线上。用

钩针钩锁针，每针固定一个珠子。把项链连成一圈固定。

项链 C（制作 1 条）

用绣针和 B 线，钩锁针至 60cm，连成一圈固定。

项链 D（制作 3 条）

用绣针和 B 线，钩锁针至 71cm，连成一圈固定。

完成

藏起所有线头。

搭配项链

把项链放在一起，所有接头位置对齐。用丝带在这个地方缠绕起来。必要时也可以把项链用绣针和毛线固定在围巾上。

neverending story

没有结局的故事 超长围巾

这条超长的围巾可以搭配你的各种着装风格，长长地垂下来看起来比较休闲，绕上去围在脖子上会更加保暖。

所需材料

毛线

- 羊毛线每束50g，大约长65m（微纤维 / 羊绒）
- 灰褐色（A线）、藏青色（B线）、巧克力色（C线）和棕色（D线）线各2束

针

- 1根10号（6mm）、80cm长的双头棒针，或者能织出相同密度的棒针

其他物品

- 记号圈
- 绣针

无穷条纹围巾

用环形编织织成一个巨大的圆筒，这条夸张的围巾就会拉长，随之呈现纵向的、饰有图案的条纹。围巾绕上去的时候，条纹又会有所不同。而且，任何两条边的颜色和花样变化都会带来更多的趣味性。

成品尺寸

周长 152cm

宽度 24cm

编织密度

用10号针织花样10cm，需23圈，每圈16针。

检验密度。

针法说明

织球形[在1个线圈中前后织下针]重复2次——共4针，然后用左手针将第2针、第3针、第4针一次性越过第1针，并从右手针上脱下，把线圈移到左手针上，织1针下。

花样编织

（起针数为12的倍数）

第1圈 全下针。

第2圈到第4圈 *6针下，6针上；从*开始重复到一圈结束。

第5圈 *2针下，[织球形]重复2次，2针下，2针上，收2针，1针上；从*开始重复到一圈结束。

第6圈 *2针下，[线圈后织1针下]重复2次，2针下，2针上，在收针的地方起2针，2针上；从*开始重复到一圈结束。

第7圈和第8圈 重复第2圈。

第9圈 全下针。

第10圈到第12圈 *6针上，6针下；从*开始重复到一圈结束。

第13圈 *2针上，收2针，1针上，2针下，[织球形]重复2次，2针下；从*开始重复到一圈结束。

第14圈 *2针上，在收针的地方起2针，2针上，2针下，[线圈后织1针下]重复2次，2针下；从*开始重复到一圈结束。

第15圈和第16圈 重复第10圈。

从第1圈到第16圈就形成了花样编织。

围巾的织法

用A线起240针，放置记号圈并连成一圈，注意线圈方向不要扭转。

第1圈 *2针下，2针上；从*开始重复到一圈结束。

第2圈 用B线织下针。

第3圈 用B线按第1圈织。

第4圈和第5圈 用C线，重复第2圈和第3圈。

第6圈和第7圈 用D线，重复第2圈和第3圈。

第8圈和第9圈 用A线，重复第2圈和第3圈。

第10圈和第11圈 用C线，重复第2圈和第3圈。

用B线，织花样的第1圈到第8圈。

用D线，织花样的第9圈到第16圈。

用C线，织花样的第1圈到第8圈。

用A线，织花样的第9圈到第16圈。

用B线，织下针。

后面10圈 按照下面的颜色顺序织1针下、1针上的罗纹针：D、C、A、D、B、A、C、D、A、C线各1行。

用B线收针。

完成

藏起所有线头。

fringe benefits

流苏饰边 呢绒围巾

围着这条洋溢着西部风情的围巾，你会觉得自己是真正的“围巾女孩”了。这条围巾有五种颜色，质地为羊毛和马海毛，毡化后将边缘剪成流苏状。

所需材料

毛线

- 羊毛线，每束113g，大约长114m（马海毛）
- 2束黑色线（A线）
- 金色线（B线）、缟玛瑙色线（C线）、乳白色线（D线）和紫红色线（E线）各1束

针

- 1根11号（8mm）、74cm长的环形棒针，或者能织出相同密度的棒针

其他物品

- 记号圈
- 绣针
- 合股线或者粗线
- 2条棉布余料，7.6cm×117cm
- 锋利的剪刀

毡质围巾

不管是在家还是在舞台上，这条外形夸张的围巾都很有效果。编织部分非常简单；只是在最后的加工中需要小心处理，但是事实会告诉你，这一切都值得。

成品尺寸

肩部周长 100cm

颈部周长 75.5cm

高度（折叠后） 21.5cm

编织密度

用11号针织全下针平针10cm，需24圈，每圈14针。

检验密度。

针法说明

加1针 在左针第1个线圈下一行的线圈里织1针下，然后再下针织左针上的线圈。

围巾的织法

用B线起138针，放置记号圈并连成一圈，注意线圈方向不要扭转。

下针织18圈。剪断B线。加入A线。

减针圈 左下2并针，下针织到最后余2针，滑针，下针，滑针越过下针——共136针。

下一圈 全下针。

把最后2圈再重复8次——共120针。

剪断A线，加入C线。

减针圈 左下2并针，下针织到最后余2针，滑针，下针，滑针越过下针——共118针。

下一圈 全下针。

把最后2圈再重复4次——共110针。

剪断C线，加入D线。

减针圈 左下2并针，下针织到最后余2针，滑针，下针，滑针越过下针——共108针。

下一圈 全下针。

把最后2圈再重复2次——共104针。

加针圈 挑针加针，下针织到最后余1针，挑针加针，1针下——共106针。

下一圈 全下针。

把最后2圈再重复2次——共110针。

剪断D线，加入C线。

加针圈 加1针，下针织到最后余1针，加1针——共112针。

下一圈 全下针。

把最后2圈再重复4次——共120针。

剪断C线，加入A线。

加针圈 加1针，下针织到最后余1针，加1针——共122针。

下一圈 全下针。

把最后2圈再重复8次——共138针。

剪断A线，加入E线。

下针织13圈。松松地收针。

完成

藏起所有线头。

为了在制毡时保持边缘平整，要按照下面说明把围巾粗缝到布料边缘上：取一条棉布条，用绣针穿上粗线，把围巾的边缘（正面朝外）用很疏的针迹缝到棉布上。同样的方法把另一边缘缝到第2条棉布上。

制成毛毡围巾

用热水清洗围巾，然后用温水，最后用少量清洁剂清洗。

完成清洗程序后，取出围巾展平：取下棉布边和所有粗缝线。用剪刀沿上下方向的边缘剪1.25cm宽的条形，剪至颜色交界处。

充分晾干。

围巾对折翻出，把“V”形放在前面。

forget-me-knot

勿忘我 打结式套头围巾

要不要织这条华丽精致的围脖围巾，你完全没必要纠结，因为它看起来复杂，其实很简单。

所需材料

毛线

- 羊毛线，每束100g，大约长57m（丙烯酸纤维）
- 5卷橙色线

针

- 1根13号（9mm）、60cm长的环形棒针，或者能织出相同密度的棒针
- 麻花针

其他物品

- 记号圈
- 绣针

打结围巾

这种技巧高超的编织练习也许看上去很复杂，但其实并不难。只要按照说明一步步地编织，把要打结的几条织片分别织完，并保留在同一根棒针上，再把它们织到一起，然后继续向上织剩余部分就可以了。围巾的颈部精巧独特，是由罗纹针织成高领再用球形装饰边缘而成。

注意

每次打结形成一个圆环，都需要使用两条织片制作。一定要同时织好18条织片（用来制作9个结），因此每织完一条织片，都应该在它的右边再重新起针织下一条织片。除了最后一个织片以外，其他所有织片完成时都要把毛线剪断。所有打结形成圆环都要在同一行完成。

成品尺寸

- 肩部周长 91.5cm
- 颈部周长 56cm
- 高度（未折叠） 33cm

编织密度

用13号针织1针上，3针下的罗纹针10cm，需15圈，每圈13针。

检验密度。

1×3 罗纹针的织法

（起针数为4的倍数）

第1圈 *1针上，3针下；从*开始重复到最后。

重复第1圈的织法就形成了1×3罗纹针。

针法说明

织球形 [在同一个线圈里前、后织下针]重复3次——共6针。

把右针上第2、3、4、5、6针一次性越过第1针并从针上脱下。把线圈移到左针上，织1针上。

8针右麻花 滑4针到麻花针上，挂在织物的后面，4针下，从麻花针上织4针。

围巾的织法

第1条织片 用锁链起针法起6针（见135页）。以下针行开始，织24行全下针平针。剪断毛线，把线圈留在棒针上。把这条织片移到棒针的后端，留出空间织下一条。

第2条织片 在织第1条织片的棒针上用锁链起针法起6针。与织第1条织片相同方法完成第2条织片。

第3条到第18条织片 方法与织第2条完全相同。完成最后一片的编织时不要剪断毛线。

制作9个打结的圆环（方法见131页说明）

步骤1 想要打结形成圆环，需要先从第2条织片入手。

步骤2 第1条织片在前，第2条织片在后交叉。

步骤3 把第2条织物的起针一端经过第1条织物的前面向上弯起，扭转方向令其正面保持不变，从两织片之间穿到后面去。这时将第2条织片的起针端与第1条织物在棒针上的线圈前后对齐固定，对应的两个线圈一起织下针。

步骤4 把第1条织物的起针端扭转方向令正面保持不变，同时向后、向上弯起，与第2条织物的后面对齐，跟前个步骤一样，将对应的两个线圈一起织下针。

步骤5 完成一个打结的圆环。

把步骤1到步骤5再重复8次——右针上共有108针。不用翻面，放置记号圈，连成一圈，按照下面说明环形编织。

第1圈 [4针下，1针上，左上2并针，1针上，4针下]重复9次——共99针。

第2圈 [4针下，1针上，织球形，1针上，4针下]重复9次。

第3圈到第5圈 [4针下，3针上，4针下]重复9次——共99针。

第6圈 移动记号圈，滑4针到右针上，再放置记号圈（表示一圈的新开始），[3针上，8针右麻花]重复9次。

第7圈到第9圈 [3针上，8针下]重复9次。

第10圈 [左上3并针，3针下，滑针，滑针，下针，3针下]重复9次——共72针。

第11圈 [1针上，3针下，织球形，3针下]重复9次。

第12圈 [1针上，3针下]重复18次。

重复第12圈的织法，直到从基础行测量高度为33cm。

翻面，反面向外，按照下面说明收针。

下一圈（反面） 上针方向收2针，*织球形，收球形针线圈，上针方向收下面3针；从*开始重复，以球形针为结尾，并将球形针线圈收针。

完成

藏起所有线头。把围巾的上部向外面翻下来，把球形部分推出来露在外面。

说明

糖果围巾（38 页的花样）

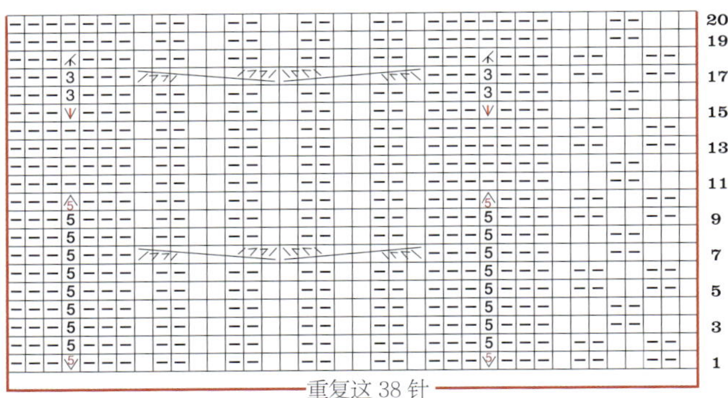

针法说明

- 下针
- 上针
- （同一线圈里织 1 针下，1 针上，1 针下）
- 5 针下
- 8 针右麻花
- 8 针左麻花
- 左下并 5 针
- （同一线圈里织 1 针下，1 针上，1 针下，1 针上，1 针下）
- 3 针下
- 左下 3 并针

扭起来（82 页的花样）

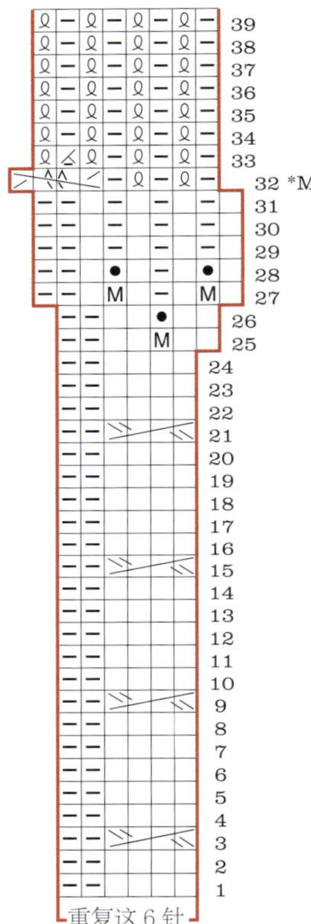

针法说明

- 下针
- 上针
- 左上 2 并针
- 挑针加针
- 织球形
- 线圈后织 1 针下
- 4 针右麻花
- 4 针左麻花

开始织第 32 圈之前把记号圈向左移动 1 针。

银色优雅（94 页的花样）

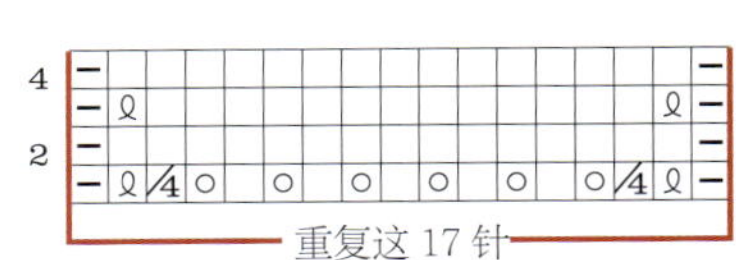

针法说明

- 正面织下针，反面织上针
- 正面织上针，反面织下针
- 空针加针
- 线圈后织 1 针下
- 左下 4 并针

注意 当环形编织织图花样时，所有行都按照正面行编织。

连接图表

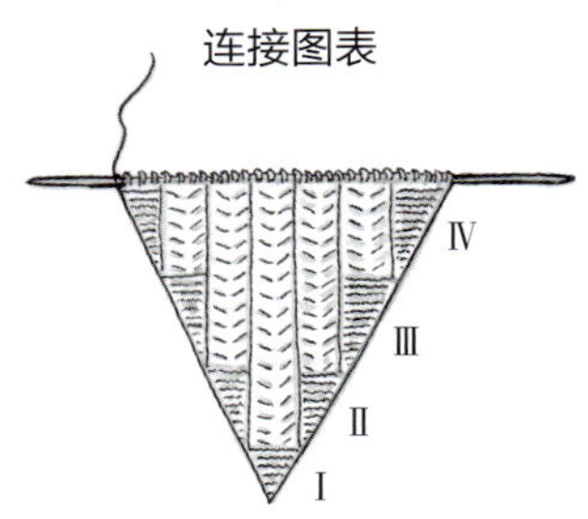

正反面编织第Ⅰ部分到第Ⅳ部分，以正面行结束。

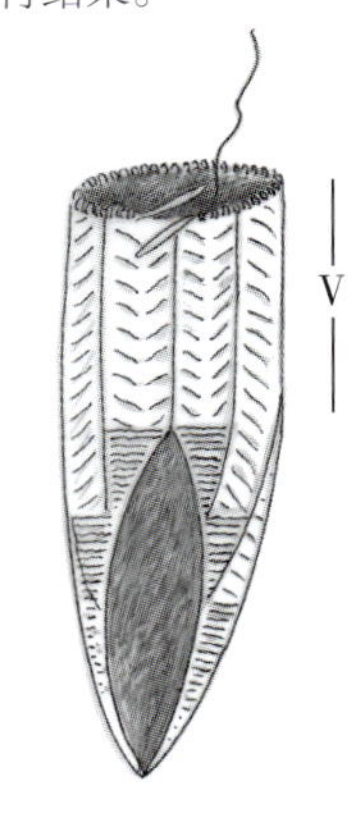

然后连成一圈，按环形编织围巾的剩余部分。

垂下的花瓣（113 页的花样）

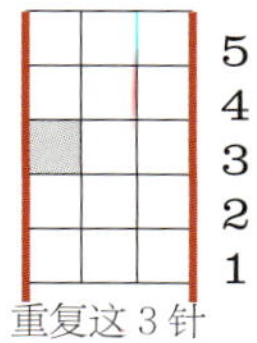

针法说明

□ 用主色线织下针

▩ **用 B 线织蕾丝花样** 下针织左手针下一行的线圈，拉起一个长线圈，下针织针上的线圈，然后把长线圈越过刚刚织的线圈。

点睛的串珠（116 页的花样）

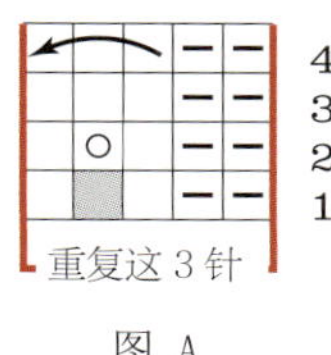

图 A

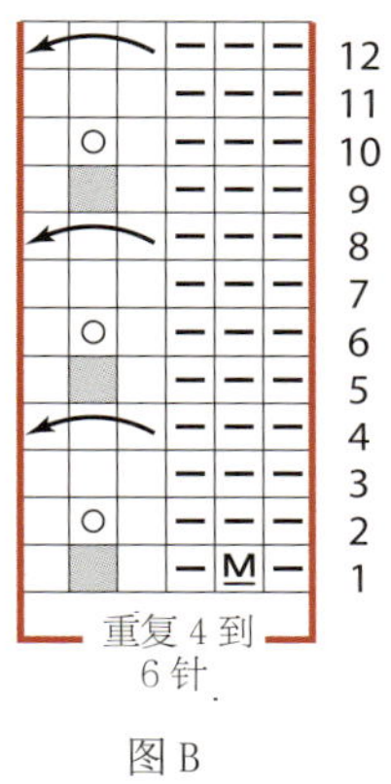

图 B

针法说明

□ 下针

⊟ 上针

⊡ 空针加针

M 上针挑针加针

3针下，然后用左手针的针尖，让右手针上的第 1 针越过后织的 2 针并从针上脱下

▩ 空针

勿忘我（126 页的花样）

制作打结的圆环

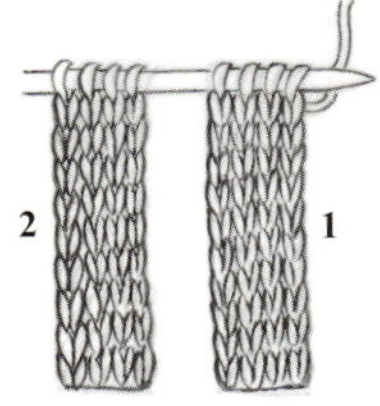

1. 要想打成结，首先要先在左手针上织出两条织物。

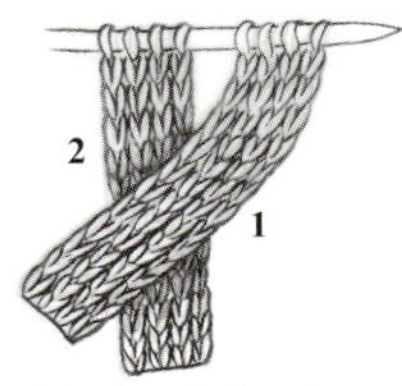

2. 把第 1 条织物交叉在第 2 条织物的前面。

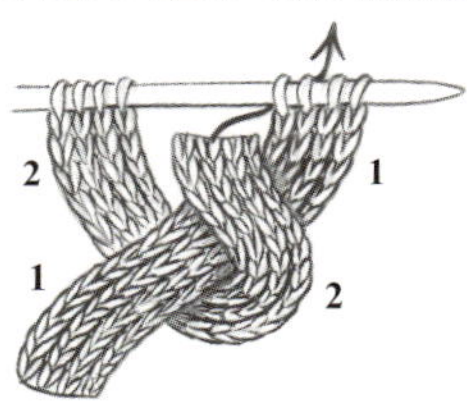

3. 把第 2 条织物的起针一端经过第 1 条织物的前面向上弯起，扭转方向令其正面保持不变，从两织片之间穿到后面去。这时将第 2 条织片的起针端与第 1 条织物在棒针上的线圈前后对齐固定，对应的两个线圈一起织下针。

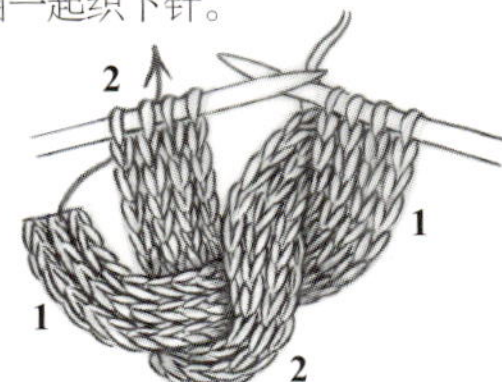

4. 把第 1 条织物的起针端扭转方向令正面保持不变，同时向后向上弯起，与第 2 条织物的后面对齐，对应的两个线圈一起织下针。

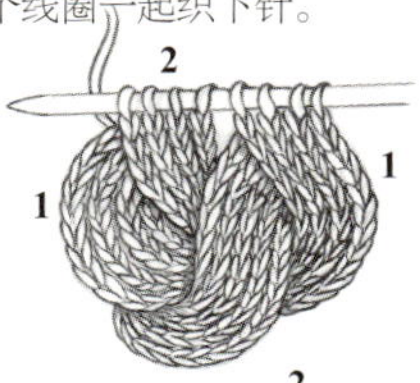

5. 完成一个打结的圆环。

转换
正反面编织换成环形编织

套头围巾和围脖围巾如果按照环形编织会织得很漂亮。但是为了能平面展开，大多数针法都是按正反两面编织来说明的。本书中的花样是根据具体的围巾结构而进行说明的，因此不需要再进行调整。但是如果你在别处看到非常喜欢的花样是正反面编织的，而你想按照环形编织，就可以按照下面的方法进行转换了。这比你想象的要容易。

让我们从最简单的针法开始：**全下针平针和起伏针（上下针）**。如果正反面编织全下针平针，只要下针行和上针行交替织就对了；而同样的花样如果换成环形编织，你只要每圈都织下针。其实转换方法就是，环形编织需要把正反面编织中隔行织的那种针法换成相反的针法（原来织下针的，现在换成上针，反之亦然）。写出来就是下面这样：

	正反面编织	环形编织
	第 1 行 全下针〉〉〉〉	第 1 行 全下针
全下针平针	**第 2 行** 全上针〉〉〉〉	第 2 行 全下针

起伏针的转换方法也很相似：当你正反面织上针或下针的时候，你需要每行都织下针，但是如果用环形编织上针或下针，你就需要这样转换：

	正反面编织	环形编织
	第 1 行 全下针〉〉〉〉	第 1 行 全下针
起伏针	**第 2 行** 全下针〉〉〉〉	第 2 行 全上针

确实很简单，我们再看看有点挑战的，例如种子针、桂花针等，它们都是在同一行中既有上针也有下针。这种情况下，你需要把正反面编织中每隔一行的针法都换成相反的针法，而在每行中花样的重复针数保持不变。

	正反面编织	环形编织
种子针	**第 1 行** 1 针下，1 针上 〉〉〉〉	第 1 行 1 针下，1 针上
（2 针的倍数）	**第 2 行** 1 针上，1 针下 〉〉〉〉	第 2 行 1 针下，1 针上

现在我们再试试看麻花针的转换，麻花针需要不止两行，每行也不止一处。怎么把麻花“反方向”织呢？其实不像看起来那么繁复。先分析一下你需要转换的花样，看哪一行是最难转成相反针法的？对于麻花针来说，最难的那一行应该是扭麻花的那一行。这一行其实不用转换针法——只要按照正反面编织说明操作就可以了。如果这一行是奇数行，那就保持所有的奇数行不变，让偶数行换成相反针法。如果发生在偶数行，则保持所有的偶数行不变，让奇数行换成相反针法。

麻花针和种子针花样（起针数为 16 的倍数加 8）。

正反面编织

第 1、5、7 行（正面）[1 针下，1 针上] 重复 4 次，*1 针上，6 针下，1 针上，[1 针上，1 针下] 重复 4 次；从 * 开始重复到最后。

第 2、4、6 行 *[1 针上，1 针下] 重复 4 次，1 针下，6 针上，1 针下；从 * 开始重复，结尾 [1 针下，1 针上] 重复 4 次。

第 3 行 [1 针下，1 针上] 重复 4 次，*1 针上，6 针右麻花，1 针上，[1 针上，1 针下] 重复 4 次；从 * 开始重复到最后。

第 8 行 重复第 2 行的织法。

同样的花样用环形编织

第 1、5、7 行（正面）[1 针下，1 针上] 重复 4 次，*1 针上，6 针下，1 针上，[1 针上，1 针下] 重复 4 次；从 * 开始重复到最后（织法相同）。

第 2、4、6、8 行 *[1 针下，1 针上] 重复 4 次，1 针上，6 针下，1 针上；从 * 开始重复，结尾 [1 针上，1 针下] 重复 4 次（这几行转换织法）。

第 3 行 [1 针上，1 针下] 重复 4 次，*1 针上，6 针右麻花，1 针上，[1 针上，1 针下] 重复 4 次；从 * 开始重复到最后（织法相同）。

在正反面编织中，第 3 行是扭麻花的一行，因此保持这行不变。奇数行都不变，需要改变偶数行的针法——把上针改成下针，把下针改成上针。

任何花样，哪怕是蕾丝花样，也可以换成环形编织，只是某些针法描述起来比较复杂。蕾丝针法是这样转换的：找出花样中最难转换针法的那行，让那行保持不变。如果它在奇数行，那么所有的奇数行保持不变。如果它在偶数行，则所有的偶数行保持不变。然后在剩余的行里转换针法。最后，就像俗语所说的"坐着说不如站着做"，在编织世界里，动手做就是试金石！

缩略语和技术说明

缩略语

approx 大约
beg 开始
CC 撞色（对比色）
ch 锁针
cm 厘米
cn 麻花针
cont 继续
dec 减针
dpn（s）双头棒针
foll 下面（后文）
g 克
inc 加针
k 下针
kfb 线圈前后织下针（下针前后织）
k2tog 左下 2 并针
LH 左手针
lps 线圈
m 米
MB 织球形
MC 主色
mm 毫米
M1 挑针加针 用针尖把前一针和下一针之间的连线挑起来挂在左手针上，再下针或者上针织线圈的后面
oz 盎司
p 上针
pat（s）编织花样
pm 放置记号圈
psso 滑针越过
p2tog 左上 2 并针
rem 剩余的
rep 重复
RH 右手针
rnd（s）圈
RS 正面
SKP 滑针，下针，滑针越过下针
SK2P 滑针，左下 2 并针，滑针越过并针
sl 滑动
sl st 滑针
sm 移动记号圈
ssk 滑针，滑针，下针
ssp 滑针，滑针，上针
sssk 滑针，滑针，滑针，下针
st（s）线圈
St st 全下针平针
S2KP 同时滑 2 针，1 针下，2 针滑针越过下针
tbl 从线圈后面
tog 一起
WS 反面
wyib 线挂在织物后面
wyif 线挂在织物前面
yd 码
yo 空针加针
* 从这里开始重复
[ ] 表示将 [ ] 里的操作全部重复几次

针法说明

空针加针（Yarn over）

在两针下针之间 让毛线经过两棒针之间，从织片后面绕到前面。下针织下一个线圈，如图所示，把线越过右针绕到右针尖上面。

在两针上针之间 如图所示，毛线仍然保持在织物的前面，但是要从右针上面从上往下绕一圈，再次回到前面来。然后上针织下一针。

嫁接缝（Kitchener Stitch）

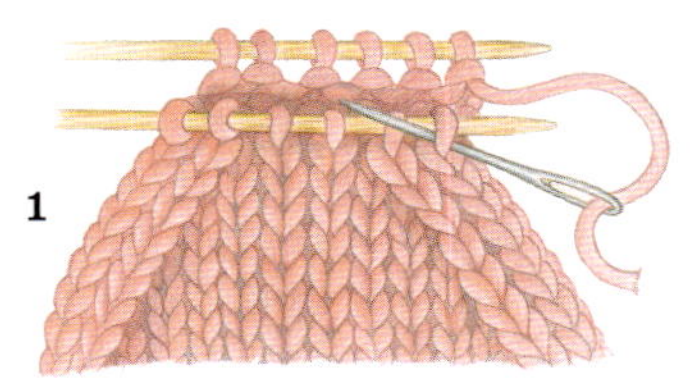

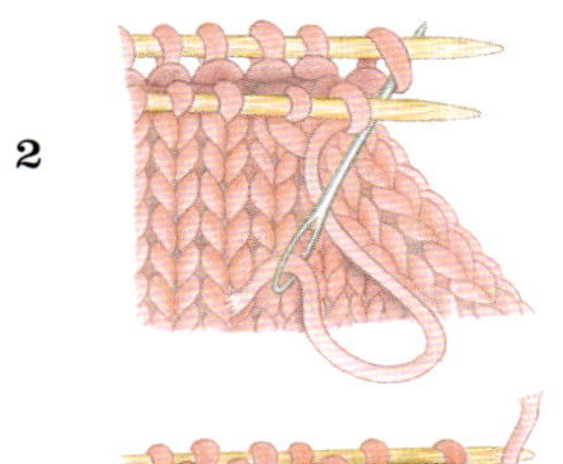

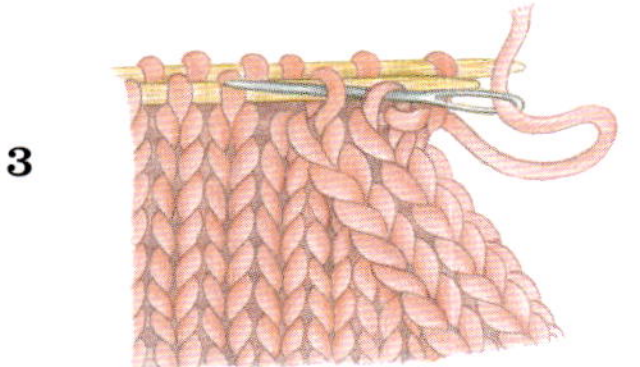

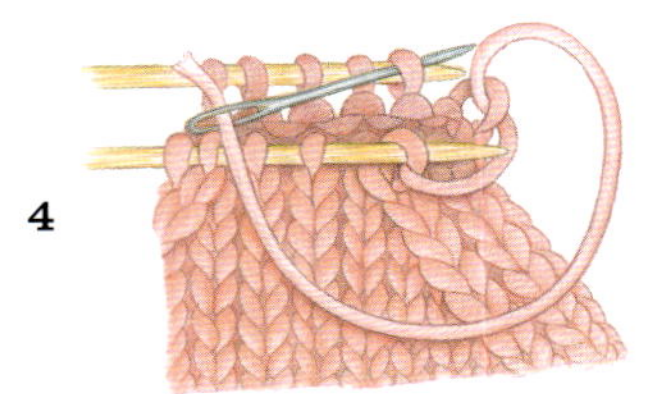

1. 绣针以上针方向（见图示）穿过前面棒针上的第 1 个线圈。把缝线全部拉出来，线圈仍然保留在棒针上。

2. 绣针以下针方向（见图示）穿过后面棒针上的第 1 个线圈。把缝线全部拉出来，线圈仍然保留在棒针上。

3. 绣针以下针方向穿过前面棒针的第 1 个线圈，把线圈从针上移下，然后绣针以上针方向穿过前面棒针上的下 1 个线圈。把缝线全部拉出来，线圈仍然保留在棒针上。

4. 绣针以上针方向穿过后面棒针上的第 1 个线圈，把线圈从针上移下，然后绣针以下针方向穿过后面棒针上的下一个线圈。把缝线全部拉出来，线圈仍然保留在棒针上。

重复步骤 3 和步骤 4，直到前面棒针和后面棒针上的所有线圈全部缝合完毕。收针并藏起所有线头。

一字绳索（I-cord）

起 3 到 5 针。* 下针织第 1 行。不用翻面，把线圈从后面移到棒针的另外一端。从一行的结尾把毛线紧紧拉过来。从 * 开始重复编织，直到需要的长度。收针。

3 根棒针收针法（3-Needle Bind-off）

1. 两片织物的正面相对，两根棒针并列放在一起，第 3 根棒针以下针方向同时插入两根棒针的第 1 个线圈。绕线，像正常织下针一样织。

2. 下针织这两个线圈，然后把这两个线圈从针上脱下。* 如图示，同样的方法织两根针上的下一个线圈。

3. 第 3 根棒针上的第 2 个线圈越过第 1 个线圈，并从棒针上脱下。从步骤 2 的 * 处开始重复，直到所有线圈都收针完成。

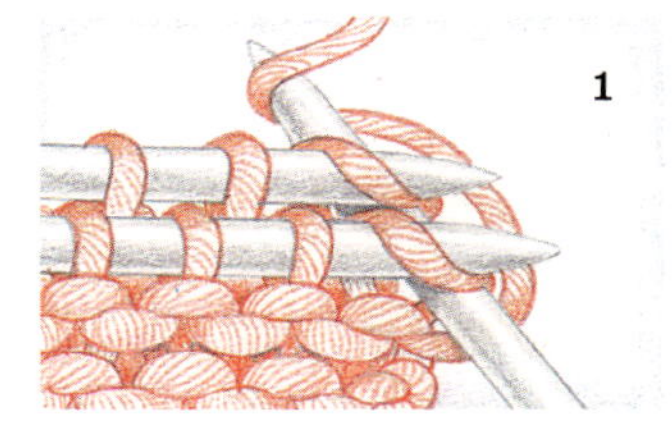

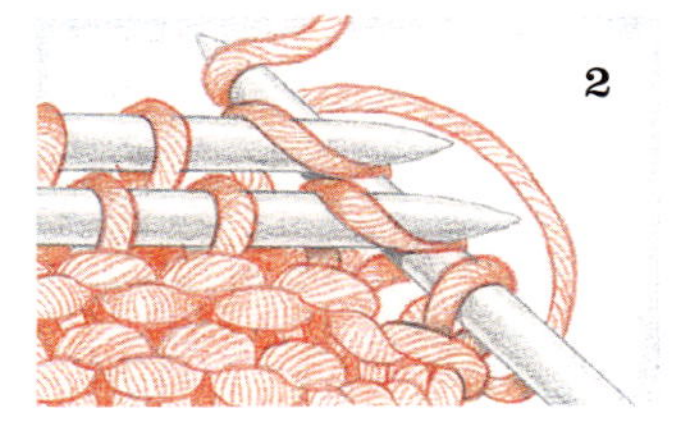

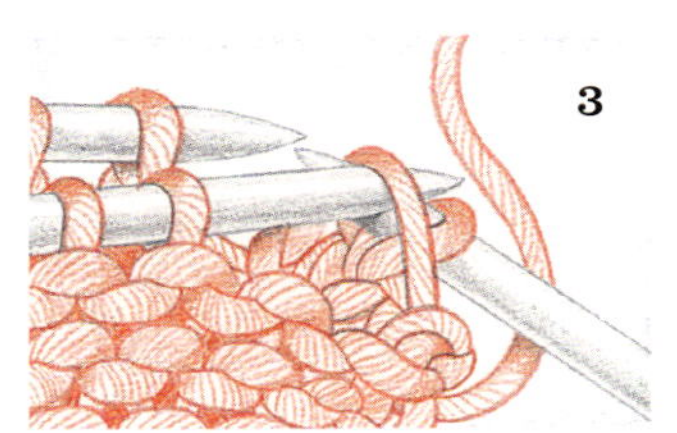

锁链起针法（Cable Cast-on）

1. 在左手针上打 1 个活结。右手针以下针方向插入左手针上的线圈里。在右针上绕线，正常织下针。

2. 把线从左手线圈上拉出形成 1 个新的线圈，但是不要把左手针上的线圈脱下。

3. 如图所示，把新线圈挂在左手针上。

4. 右手针插入左手针上的两个线圈之间。

5. 在右手针上绕线，像织下针那样，然后把线拉出形成 1 个新的线圈。

6. 如图所示，把新的线圈挂在左手针上。重复步骤 4 到步骤 6，按照需要的数量起针。

流苏（Tassels）

毛线需要两倍于流苏的长度再加上打结的长度。织物的反面朝上，钩针从正面向反面插入，把对折的毛线钩出来并形成线圈。然后再钩住线尾部分，从线圈中钩出来，拉紧。修剪毛线。

用钩针钩锁针

1. 靠近钩针的末端打 1 个活结，织线（连着线团的毛线就是织线）在钩针上绕 1 圈，如图所示。用钩针上的钩子钩住织线，往你身体的方向把织线从钩针上的线圈中拉出。

2. 这样就完成了 1 针锁针。重复这个过程就可以按照需要钩出很多锁针，如果需要，还可以在两针锁针之间加上珠子。

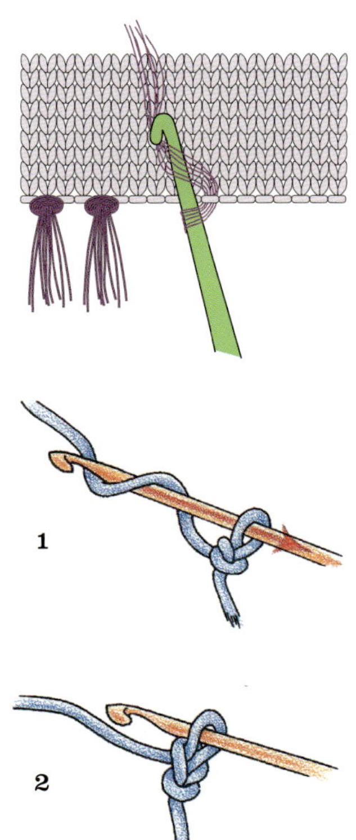

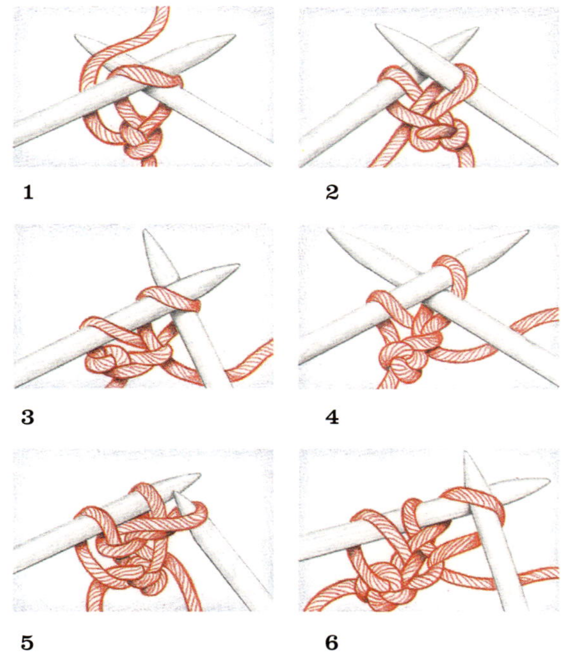

河南科学技术出版社
最新引进
世界顶级编织图书

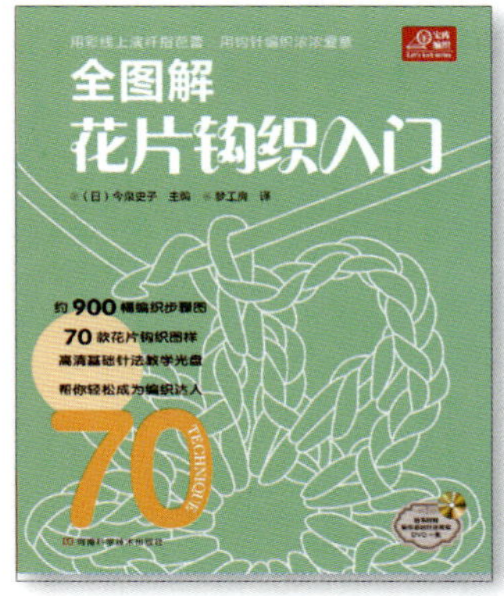